中国网络通史

中国网络红人启示录

首部全面系统展现中国网络生态的恢宏巨著

八分斋◎总编　欧阳静茹◎主编

中国商业出版社

总序

一切与网络有关

十年前，想整理一套关于网络生态的书。费了很多精力，如今在团队的努力下，实现了这个愿望。

网络作为一个新工具，有人说它是基于工业革命的技术革命结果，颇有意思。人类在认知上，生存的发展路径以农业革命、工业革命为基础，更贴切地划分，我认为网络是超越技术革命意义的，称为信息革命也不为过。高速发展的网络，对政治生态、文化生态、商业生态的影响不言而喻，而对个体心智模式的改变也是潜移默化的。这套书，贸然地称为中国网络通史，但不是编年史，也不是发展史，而是用各类案例展示最真实的网络生态。网络是信息革命的产物，而各类案例则是信息的产物，我们试图用各类最通俗的案例让读者了解网络的本质。

信息是有力量的，网络为这一泛化的力量提供了裂变的渠道，那么这些渠道的架设从何而来？这需要简单了解信息革命的起源。我把这个起源点放在1944年全电子管计算机诞生时，1956年后晶体管计算机、1964年后集成电路计算机、1971年起至今大规模集成电路计算机相继出现。硬件的解决，催生了软件的发展；软件的更新，带动了硬件的升级，不仅软硬件之间相辅相成，技术工具的应用也相得益彰。基于信息工具的战略，其中最伟大的发明就是基于软硬件发展的互联网实验，而互联网标准的实验成功，对于软硬件的发展提供了更大的战略意义和空间。也因为互联网，冰冷的硬件和复杂的软件变得充满生命力。

1957年苏联发射第一颗人造卫星，而后美国组建高级研究计划局，网络诞生的源头便基于此，这个时期正是计算机的晶体管时代。时下最流行的社交化，则早在1962年便被准确提出："包含有分布式社交行为的全球网络概念。"虽然这一提法是针对互联网的基础构想，但随着1968年加州大学洛杉矶分校建立网络测量中心、1982年传输控制协议（TCP）和网际协议（IP）开始定义互联网络、1994年中国接入互联网，这一诞生于军事领域的互联工具，表象上更多地体现了民用价值。这一价值的体现同样围绕信息的流通展开。

不可回避的一个事实是，基于网络的软硬件核心也无一不掌握在发明国手里。表象上看，网络只是基于计算机技术的应用延伸，实际上这一应用的战略意义和实用价值足以与其并驾齐驱。硬件的核心CPU（中央处理器）、13台根服务器，软件的核心操作系统、TCP/IP协议全部被掌握，而基于软硬件的外延产品核心也全部被垄断。基于PC的第一代互联网没有其他国家的机会，而基于移动终端的第二代互联网，软硬件的控制复制了PC时代，同时预见并控制了第三代智能互联网的核心。无论从纵向还是横向，信息革命的根源值得追溯，和其他如转基因等一样，从一开始这就是一个工具。

回到我们经历的网络生态，该书籍有它的意义和价值。基于被控制的信息革命载体，中国的网络发展裂变的速度更加快速，但万变不离其宗，所有的变化仍然是信息流通方式的变化。1994年接入网络至今，网络有20年的历史，这20年的网络历史甚至可以和整个农业革命、工业革命时期的信息总和相提并论，这一观点是基于信息裂变的量级和心智模式的改变。截至目前，商业化和生活化的网络被高度重视，而战略性和革命性的网络常常被忽视。中国网络的20年，从商业化的角度看，貌似群雄四起，实则浑水摸鱼；从生活化的角度看，熟人社会凋敝，陌生社会兴起。这个过程中，最鲜活的生态就是一个个的案例，我们从不同的角度整理该书籍，也是为了给想了解网络的读者提供一个现实参考。

网络生态是社会生态的缩影。作为工具的网络，把难以捉摸的关系变得触手可及，把难以言表的交互变得唾手可得，但错综复杂的社会并未因此而变得简单，反而常常会显得更具隐蔽性和欺骗性。基于人际的工具具有社会性后，网络开始凸显更多的社会功能，难以避免地触及政治生态、文化生态、商业生态，信息的力量在这三大生态里剧烈地裂变。这种裂变天然地具有多向性，浅层次的结构是基于商业生态的浸透和控制，而后渐进为对文化生态的渲染和主导，最终则是战略意义上的政治生态衍化和变革。没有比网络更轻成本又有如此巨大效用的工具，而对这一工具的解构、运行的规律、应用的方法则全部隐藏在书内的案例中。

这些案例，有三个核心。第一个是网络生态的概念，从理论的角度看十分虚无，但从现实的网络看十分真实。网络生态在全球化背景下是一个景象，在中国环境下是一个景象，我们侧重于后者。中国社会的基础治理，以前是基于熟人社会，之后是陌生社会，网络的兴起让陌生社会可以通过工具再部分实现熟人社会的治理状态，这种实现是通过信息的结构性流通来完成的。网络生态也基于这一功能而真实存在，它不同于现实社会生态，又可以具有现实社会生态的功能；它以虚拟的面孔真实地干预着社会，又以真实的面孔虚拟地导引着个体。也因此，该书籍案例的第一个侧影是基于网络生态，我们也在着手就此展开网络生态学的研究。透析了网络生态，则网络的工具功能才能被有效应用。

第二个是网络心理的概念。所有的案例都是个体元素的心理显像图，而这种显像有共性，这一共性也需要被公众熟知。在商战、犯罪、红人、网恋等案例中，我们会发现网络心理与传统心理学差异不大，同时会发现就是那么一丝一毫的差异会导致截然不同的结果。网络把看不见摸不着的东西变得触手可及，把潜意识的诉求变成显意识的实现，也因此让很多受众混淆了虚拟和现实，迷失了本我和他我，从而荒唐与残酷并举，虚幻与现实并存，成功与失败杂交，梦境与生活重叠。网络心理学同样是通过案例梳理网络受众的心理规律。多么复杂多变的网络受众，都有心理运行的规律可循，而这一规律的把握对于网络工具功能的应用同样不可或缺。

第三个是网络犯罪的概念。要透视一个工具的社会作用，除了从常规的工具生态、工具心理解构外，还需直接从负面结果寻找正面解决的方法。犯罪是公众关注的焦点，而解构犯罪心理则是治理犯罪的基础。网络作为工具，因长期以来公众认知的模糊和网络天生具备的隐蔽性，以及管理者的不重视和立法的滞后，这一工具几乎成了犯罪的温床。网络犯罪的主要构成群体，首先是渠道和平台的建设者，时髦的说法可以是网络企业的原罪；其次是各类小站的勾连和利用，一般依附于大的平台恶意侵害受众权益；最后则是网民的个体犯罪，社会关注比较多的恰恰是这个环节。基于《中国网络犯罪纪实》等案例的外延，应提出网络犯罪学的概念并进行针对性研究，这一研究的基础则是首先让公众认知到网络的危害性和功效性都不应被忽视，从而最终可预防和控制这类犯罪的发生。

我们有意让网络生态学、网络心理学、网络犯罪学等成为基于网络工具应用的新学科，或者至少可以成为社会学的边缘学科，该书籍是这一研究的开端。网络对政治、文化、商业生态的影响，需要的不仅仅是现象化的研究，更需要根本性的解剖，最终让这一工具的破坏性变成建设性才具有现实意义。

除了上述意义外，该书籍对文化生态对网络工具的应用也有思考。该书籍案例立足于现实并不觉得荒唐，因为网络社会就是现实社会的缩影，若立足于网络则会觉得不可思议，因为网络社会怎么成了现实社会的投影？这里就涉及网络对文化生态的冲击和解构。信息流通方式的改变，促使传统的文化结构开始瓦解，网络信息的呈现通过文字时代、图文时代、视频时代的演进，让传统概念里的媒体生态受到巨大影响，也让传统影视生态受到巨大冲击。网络的工具作用对于文化生态是改造式的，所谓的颠覆是危言耸听！这种改造因为传统文化结构的固有思维模式，看起来变得很像颠覆，但实际上是融合。我们提出了新媒体文化产业链的概念，该书籍也是基于这一概念推出的第一步，除了研究领域的应用，文化产品领域的实用性也会体现。

公众需要了解网络，社会管理者需要了解网络。了解网络的第一步需要看到网络的真实面目，其文化产品设置首先是图书，而后则是视像产品。基于新媒体特性的文化产品建设，网络的需要发源于网络，现实的需要立足于现实，让受众可以用最喜欢接受的方式了解网络，需要娴熟应用现有的新媒体工具，更需要研判未来的网络形态。该书籍的文字版会同时制作出视频版，传统媒体的各类经验会应用到网络媒体的产品呈现中，而网络媒体的各类特性也会融合到传统媒体的专业经验里。基于新媒体视像产品的建设，也会采用网络多元化的模式，开放、自由、共享会是基本核心。风起云涌的网络工具媒体化应用，势在必行的网络工具社会化功能，无论从社会管理还是网民认知，都需要脚踏实地、言之有物、行之有效的措施和结果。

付诸很多心血，我们的团队辛苦也幸福。作为第一代网友，作为一个由网友组成的新媒体公司，能集合大家的共识编写出这些图书，给社会和公众展示真实的网络，是我们这群网友的荣幸。该书籍中的案例，有遴选，也有瑕疵，不过我们把握书中透析网络社会的立意，因此所有涉及案例里的主人公都是符号，而案例本身的社会意义才是关键。我们是一个草根团队，大多数成员并无撰写书籍的经验，但好在我们专心于网络多年，即便如此我们仍然如履薄冰。但愿该书籍能让你重新认知网络，让网络回归到工具的本能，让人还原为人的本身，让社会寻找到管理工具的方法。

感谢您，打开了这一页。

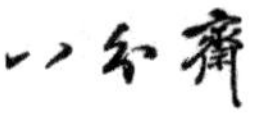

前言

网络社会包含网络政治、网络经济和网络文化三个基本构成。网络文化现象的主要表现就是“网络红人”的产生与不断衍变。“网络红人”通常指的是通过某个网络事件或在某一特定时期被网民疯狂追捧而一夜成名的人物符号。这些人物符号有的是真实存在的，有的是网络虚构的，但即便是虚构的人物符号背后同样有真实的人在操作。他们都是以网络作为传播媒介，使自身在现实中无法实现的强烈表现欲在网络中得以实现，并通过无数网民或支持或鄙视的争论走向巅峰。一个个“网络红人”诞生的过程其实是一场场热闹非凡的草根平民秀。而这一场场的草根平民秀正构成了一幅有别于传统社会的网络文化景象。

随着互联网从Web1.0、Web2.0、Web3.0的递进式发展，网络红人也经历着不断发展和衍变的过程。我们将网络红人的衍变过程分为四个阶段：

第一阶段是文字时代。当痞子蔡将《第一次亲密接触》贴到BBS上，引起网友疯狂转载和个人崇拜时，“网络红人”第一次登台亮相，后来者在网络大舞台上开始了百家争鸣，网络文学也由刚开始的轻俏、欢快、浅薄变得多元、现实且更有深度，这从1998年《第一次亲密接触》的红火，到2002年慕容雪村《成都，今夜请将我遗忘》的对比可以看出。

第二阶段是图文时代。这一阶段的主战场还是在BBS，一个肥嘟嘟的中学生“小胖”用一个回头斜眼“鄙视你”的表情，将网友集体笑翻，大家自主地用有限的时间投入到无限的PS小胖的狂潮中去，直到多年以后小胖结婚，网友们还念念不忘过去。芙蓉姐姐用她极具代表性的“S体形”叩开“网络红人”的大门，并将她的热情和激情保持到今天，她也因此成为网友们的“励志女神”。

第三阶段是视频时代。香香一曲“老鼠爱大米”将自己唱进网络红人的队伍里，这个原本贪玩的小女生变成了商家的香饽饽，而她的身价也水涨船高上升百倍。

第四阶段是碎片化时代。到了这个阶段，不再是有本事、有能力、有特点的人能成为网络红人，一条微博可以成为反腐炸药，一个话题可以让小百姓成为焦点。

网络红人的出名有的是主动的，有的是被动的，有的是先被动后主动的。早期的安妮宝贝是被动式的，她的文字灵动行为低调，她成名几年之后，网友才知她的庐山真面目。后期的犀利哥、杨达才等都属于非自主意愿式的“被网络红人”。无论是主动还是被动，他们最终能爆红网络，绝不是靠他们的一己之力。而形成独特网络红人现象的原因有以下三大外部驱动因素。

第一，科技驱动。在计算机与互联网信息技术诞生以前，人类社会从不曾像现在这样开放、自主、即时、交互地与世界连接。在那之前一个人要变成被公众熟知的名人将要花费巨大的成本。这个人本身也必定要练就某一方面甚至是多方面的独特才能，并拥有社会稀缺资源，经过一个较长周期的积累和沉淀，才有可能成为“红人”。但计算机与互联网信息技术诞生以后，人类社会的公共传播模式发生了革命性的变化，它让天涯变成咫尺，让全世界的人都变成邻居，让所有人都可以彼此互联。

在无穷的网络虚拟空间下，传统人类社会的组织模式、行为模式和思维模式全部被颠覆。网络世界不再有种族、国界之分，没有中心，没有主管，实现了真正的扁平化。网络信息传播突破了传统媒体被动接受的限制，每个人都同时扮演着接收者、创造者和传递者三种身份。三种角色随时转化并随时进行互动。同时互联网融合了图像、文字、视频、音频、互动交流于一身，它本身的多媒体性质令信息的传播更加多元化、立体化和显效化。最重要的是，这无限的网络空间和强大的网络功能对所有人来说都是平等开放，且几乎是零成本的。作为网络红人诞生的平台，无论是早期的论坛，还是后来的博客、视频网站、SNS社区、微博、微信等平台，都是现代互联网科技发展的产物。

第二，情感驱动。受众关注是网络红人兴起的根本原因。网民关注网络红人能获得一种情感或精神上的释放或满足。窥探欲与猎奇心是人的本能，而网络的开放性和隐匿性将这种人性本能得以解放。比如在网络红人"犀利哥"身上，网民的猎奇心与窥私欲得到了空前的满足。无论谁都可以拿着"犀利哥"的照片PS一张不同场景的图，任意地消费，让自己乐一把，也让别人乐一乐，这种消费不需付出成本。很多时候不需要理由，更不需要理智，只需要从某些人物身上抽取自己所需，就找到自娱自乐的理由，而这种理由若被别人接受，再影响他人，这样"网络红人"就诞生了。

在网络传播的海量信息面前，受众普遍缺乏独立思考和自我甄别的能力。因此他们很容易随波逐流、盲目跟风、人云亦云。扎堆淹没在对网络红人的追随浪潮之中。2003年，当芙蓉姐姐在北大清华的BBS上发了极具自恋的文字和标志性的S型"玉照"之后，网络上开始是骂声、嘲笑声一片，2006年之后，芙蓉姐姐陆续上传了几篇关于她的坎坷身世的博文之后，一夜之间，芙蓉姐姐的博客又是赞美声一片。2008年，当芙蓉姐姐又一次疯狂地在网上征男友，大秀丰胸肥臀并配以各种具有强烈性暗示的文字之后，芙蓉姐姐的新浪博客留言全是一片骂声，其语言的恶俗程度无法形容。2010年4月，芙蓉姐姐又开始在她的博客上上传了各种纯情、时尚的照片，完完全全摆脱了以往丰胸肥臀照的恶俗，给人以芙蓉姐姐脱胎换骨的全新感觉。这时候，粉丝对于芙蓉姐姐的态度随即又来了一个180度大转弯，关于芙蓉姐姐的新闻和帖子留言百分之九十都是在赞美她。

第三，利益驱动。网络红人虽然诞生于虚拟的网络空间，但他们其实都是现实生活中各种利益主体共同作用、博弈的产物。比如芙蓉姐姐的每一次转型背后都有策划动机，不是为自己出新歌造势，就是为自己出演的电影做宣传。参与过“芙蓉姐姐”“流氓燕”“小天女（ayawawa）”“二月丫头”等多起网络红人事件炒作过程的陈墨曾公开表示，通过炒作网络红人他一年内用3万元赚到1000万元。陈墨之流带起了一个新的职业，叫做“网络推手”。他们通过创建专门的网络推手公司，专业从事网络红人、网络事件的策划与炒作。年营业额可达3000万元。在经济利益的驱使下，以赚取高额酬金的网络推手已经泛滥于网络。网络推手们一方面利用他们丰富的“泡网”经验，策划符合网络社区特点和受众群口味的话题人物，一方面整合媒体、商家资源，将炒得有一定知名度的网络红人进行商业转化，如广告代言、商业演出等。

除了网络红人自身和幕后推手团队以生财为目的的直接利益

驱动外，还有一种情形是以破坏为目的间接的利益驱动。比如通过打击竞争对手，来达到维护自己利益的目的便是其中之一。

当然，所有网络红人的炒作都是通过媒体传播而完成的。能够提高网站的点击率、报纸发行量、电视收视率的手段和内容都是媒体利益所在。因此媒体的利益驱动也是网络红人现象的重要成因。在市场化的生存环境中和眼球经济的作用下，媒体通过媚俗化、娱乐化、噱头化的报道方式努力追求轰动效应以攫取经济回报。

由此可见，支撑网络红人文化现象产生的，是一条由被炒作者、炒作者、网络、媒体、受众所组成的利益链。

网络红人是伴随着网络社会形成和发展过程中的一种必然的文化现象。它是“网络”的产物，更是“社会”的产物。网络红人现象的出现除了网络技术支撑、受众需求驱动、各方利益驱使等原因之外，还有着更深层的社会转型、社会分化的内涵。有研究者指出“20世纪90年代以来中国社会权力结构的演化趋势，展现出与赖特·米尔斯在20世纪50年代所揭示的美国社会惊人相似：一个由政治、经济、文化精英所组成的高层联盟日益巩固；与此同时，一个庞大的碎片化的底层社会正在生成，社会的中间层发育迟缓，不能充当高层和底层之间的桥梁。”他们长久以来没有发声的渠道，没有话语的权力。网络的出现打破了传统媒介的限制，社会底层长期压抑的话语权得到彻底的释放。他们通过口无遮拦、桀骜不驯、甚至叛逆式的、反主流性的网络语言和行为来表达对现实社会的不满。他们通过制造一个又一个网络红人以极力撕开传统社会光鲜的外包装，以裸露出社会分化的尴尬现实。如果说网络红人是把现实照进网络，那么网络红人研究，则是为了将网络照进现实。

我们梳理了网络有史以来的上百个网络红人的案例，最终精选出一些最具代表性的人物收录此书中。我们呈现的这本网络红人史，是中国互联网发展的一个阶段性记录，也是我们研究网络社会生态的形成和发展的基础资料库之一。

目录

第四章 PART FOUR

碎片化阶段

第五章 PART FIVE

时事与新闻类红人

PART ONE

第一章

文字阶段

01 痞子蔡——华文网络文学鼻祖

1998年

痞子蔡，男，真名蔡智恒，1969年11月13日生，台湾嘉义县布袋镇人。台湾台南成功大学水利博士后研究员。1998年，因其在网上写了小说《第一次亲密接触》，引起网友们热情追捧，从此一发不可收拾，写出多部长篇小说，被誉为“汉语网络文学旗手”，是华语网络文学中第一个引起巨大轰动的写手。

如果我有1000万元，我就能买一栋房子。我有1000万元吗？没有。所以我仍然没有房子。

> 如果把整个太平洋的水倒出，也浇不熄我对你爱情的火焰。整个太平洋的水全部倒得出吗？不行。所以我并不爱你。

传统作家看不起网络作家，就是从痞子蔡横空出世时开始的。1998年，当网络上的这两句爱情名言被传翻了天，网友们自发地担任起《第一次亲密接触》的卖力宣传者，传统作家闻风上网找来全文研究时，不禁大失所望，这不过是一个浅薄、无聊、无病呻吟的风花雪月的故事，既没有行文技巧，也没有深刻思想，他们无法理解，这样的文字怎么能造成全球华文地区的痞子蔡热潮。

《第一次亲密接触》的故事很简单，两个男人，一个是泡妞专业户，一个是闷骚男；两个女人，一个叫轻舞飞扬，是个漂亮女子，一个是通风报信的传递女，闷骚男和轻舞飞扬在网上相遇相恋，见了几次面，当闷骚男爱得死去活来时，轻舞飞扬突然消失不见，几经周折，真相大白，轻舞飞扬原来是一个得了红斑狼疮的女子，为了生命最后的美丽，与闷骚男进行了一场没有结果的恋爱。

据说这个故事让很多年轻的男女泪流满面，他们相信这是伟大的爱情，并且期盼也在网上遭遇这样刻骨铭心的恋爱——其实这也不足为怪，那时候网恋还是比较新鲜的东西，它代表着时代先锋，也代表着神秘。这部网络小说的作者毫无悬念地被挖出来，他是台湾人，真名叫蔡智恒，网络上的昵称叫痞子蔡，网络ID叫“jht”（网友解释，因为蔡智恒接触网络的年代较早，当初第一次上BBS时，正好是台湾地区采用国音二式作为汉字拉丁拼法的年代，蔡智恒即“Jr-Heng Tsai”，“jht”是三字的首写，一直沿用到现在），1969年11月13日生。1998年3月，他开始在网络上写《第一次的亲密接触》，两个月后，此文便红得一塌糊涂，1998年9月发行《第一次的亲密接触》繁体字版，发行量超过30万本。1999年11月发行《第一次的亲密接触》简体字版50万本，盗版更是超过80多种，名列当时的畅销书排名榜第一名。

之后，这位现实生活规规矩矩的男人，以差不多一年一本书的速度往外推自己的作品，《第一次亲密接触》简体版出版日期是1999年11月1日；《雨衣》出版日期是2001年1月5日；《爱尔兰咖啡》出版日期是2001年3月1日；《夜玫瑰》出版日期是2002年11月1日；《檞寄生》出版日期是2003年9月1日；《亦恕与珂雪》出版日期是2004年5月10日；《孔雀森林》出版日期是2005年9月1日；《暖暖》出版日期是2007年9月27日；《回眸》出版时间是2009年；《鲸鱼女孩·池塘男孩》出版时间是2010年；《蝙蝠》出版日期是2010年10月26日……这些书的主题永远都是爱情，许多本书都以“唯美和动人的爱情”来做宣传，但再也没有哪一本书有《第一次亲密接触》那么大影响了。

2005年，《东方早报》在文章《痞子蔡七年来无法再超越》里说：

> 问及面对现状是否已对文学创作失去信心，痞子蔡表示，从一开始他就很清楚《第一次亲密接触》的成功并不在于他自己的文学修养有多高，而是由当初的特殊社会文化背景造成。此书引入韩国后，也推动了韩国网络文学作品的成长，在日本的网络文学中对它的模仿之作也不少，《第一次亲密接触》是网络文学兴盛的标志，当时是一个机遇。

显然，痞子蔡是一个相当冷静理智的人，就算获得如此大的成功，他也没有忘乎所以，没有做一个全职作家，一直有自己体面的工作。在这个浮躁的年代，有着如此江湖地位的人能做到这样平淡从容，实属不易。

痞子蔡的意外走红，不仅给传统的书商指引了一条新路，也给普通的网民一个提示，那就是，网络写东西，不仅可以起到消磨时间的作用，还能赚一把。层出不穷的网络写手开始各显神通，他们期望也能像痞子蔡一样一炮而红。然而除了极少数的作品和作者红了外，绝大多数只沦落为真正的“打手——打字的快手”，这不能不说是一种悲哀。

痞子蔡，这个开启华文网络文学盛世的男人，被人奉以诸多美名，比如“汉语网路文学旗手”“大时代里的被动式偶像”“华文网络文学的鼻祖”，他自己则冷静地看待一切浮华和热闹。迄今为止，他生活的范围仍以台南为主，2000年从台南成功大学水利工程研究所博士班毕业，之后一直在大学任教或做研究。这个作为第一代也是第一个可以称“网络红人”的男人，留下许多话题和启示给后来人。

02 安妮宝贝——小资作家代表

2000年

安妮宝贝，女，原名励婕，1974年7月11日生，浙江宁波象山人。代表作有《告别薇安》《蔷薇岛屿》《清醒纪》《莲花》《素年锦时》《春宴》等，文风冷冽，字句简短，犹如秋冬之交的天气，让人对冬的寒冷感到害怕又对将过去的秋天怀有依恋，一代小资女人的代表。大家对安妮宝贝的印象就是，一杯咖啡，与一个男人对坐，偶尔眼神交流，一双平底布鞋，一条麻布裙子。成名时间：2000年。

他不知道她在哪里。

这样也好。也许她就会随时出现。这个游戏一开始就如此容易沉沦。他不知道是游戏本身，还是因为这仅仅是属于他和她之间的秘密。

也许是周六的凌晨两点。失眠的感觉就好像自杀。

这是安妮宝贝的成名作《告别薇安》的书摘，就是这种简短、凄凉、小资、梦呓般的文字，很长时间风靡网络，吸引了一大批人，安妮宝贝极擅长写都市里那种有点颓废、挣扎、无奈又有点思想及生活品质的人。她的作品红起来，跟时代有莫大关系。第一批上网的网友，一部分人喜欢李寻欢们的幽默，一部分喜欢痞子蔡的灵动，还有相当一部分在自怜和自省中挣扎，纠结和迷茫几乎是他们的代名词。安妮宝贝为他们提供了这种样本，让他们觉得不孤单，更重要的，这种方式的表达，很新鲜，当网友们在全力追捧安妮宝贝的时候，却鲜有她的相片出现，大家从她的文字中，只能感觉到她是一个小资女人，喜欢穿白色亚麻长裙，喜欢银手镯和神经质地游走。不接受采访，不见网友，没有人知道她的真实身份，不知道她年龄几何，但是大家都知道一件事，她的文字出版成书了，那是在2000年1月。

永远不变的风格，杜拉斯式的短语，跳跃式的思维，疼痛式的表达，永远离不开的咖啡、夜灯、自语、亚麻裙子，越来越多的网友迷上她。而这些网友大多是年轻未婚的女孩子，她们正在读书或者刚走出大学，找不到生活的方向，为一点鸡毛蒜皮的小事而心怀感伤，从安妮宝贝的文字里找到共鸣，然后心疼作者，心疼自己，心疼完后继续茫然，继续自怜。

2001年1月，安妮宝贝的《八月未央》出版；2001年9月，长篇小说《彼岸花》出版；2002年9月，摄影图文集《蔷薇岛屿》出版；2004年1月，长篇小说《二三事》出版；2004年10月，心情笔记《清醒纪》出版。2006年，《莲花》上市前，出版商进行了一轮狂暴的炒作，据说光是定金，这本书就付了200万元。这将网络文学和网络名人提高了几个层次，过去人们认为，在网上写的，也就是网友随便灌灌水打打字，却在传统文学低迷的时候，网络上出了这样一位人物，她真的值这么多吗？2008年《新民周刊》的《路金波与"非理性畅销"》一文里说到这个问题：

> 品牌有什么好处呢？比如被外界认为不可思议的"天价稿酬"——安妮宝贝的《莲花》版权费付了200万元，路金波觉得根本不值得惊奇。"花钱多，是因为赚得更多，不会亏。"

到了2007年9月9日，安妮宝贝的随笔集《素年锦时》出版。这本书后，她便结婚生女，经过这么多年的隐藏和神秘后，在媒体越来越多的介入后，在好事网友的不懈努力下，安妮宝贝也不再只偶尔抛出相片，而是终于现了真身。大家看到这个单薄的女子，确实有她文字中女主角的细腻和神经质。2007年10月，她在北京生下女儿。当时有许多网友吵翻了天，这样一个惹人怜爱、才华横溢的女子，一定会嫁一个富商，或一个极具才华的男人，但据事后媒体报道，她的先生是一个普通人，这不重要，关键是她有一个稳定的家了。

对她的争议风暴终于在2011年到来，在她结婚生子的几年时间，仅在2009年1月有一个中篇小说《月》出来，新出的长篇小说叫《春宴》，几乎引发了一轮网民大争论，先是大批网友和媒体质疑，说她不进步，永远在无病呻吟，《文化中国》的《安妮宝贝：是春宴还是残席？》一文里说：

> 曾经的情调变得琐碎、矫情、造作，曾经的撕心裂肺变得无病呻吟、一地鸡毛，甚至那些当年看起来情绪饱满的“安式”句号也变得滑稽起来。“人在年轻时对文字的解读能力很弱，但对文字形式的解读能力很强，不在乎你真正想表达什么。”文化评论人王小峰如是说，但长大了，又是另外一回事儿了。这是一场有关成长的告别，每年都会有人告别。

之后网友们模仿安式恶作剧般造句，极尽夸张地放大文字特点，将安妮宝贝再一次推上公众视野。毫无意外的，《春宴》畅销，不过这一次，出版商没这么高调了。尽管在出版前，有媒体炒路金波出100万美元买安妮宝贝这本书的版权，但一直没见路金波回应，这种态度，或者是100万美元买版权是假的，或者是书卖得没计划得好。总之，《春宴》出来后，有点残宴的意思，没有引起多大的后续影响，也没有人说安妮有多大突破。

或许，相对于传统作家，网络作家的不经意成名，更有历史和时代意义，传统作家背着沉沉的历史和重重的责任感，他们对自己和文章，都有更高要求，网络作家更多的是自我抒发，以快速获得受众为己任，相对显得浅薄和轻松了。

03 慕容雪村——中国网络文学领军人物

2002年

慕容雪村，男，真名郝群，东北人，1974年3月1日生，中国政法大学毕业。代表作有长篇小说《成都，今夜请将我遗忘》《唐僧情史》《天堂向左，深圳往右》《伊甸樱桃》《中国，少了一味药》。颇具影响力的演讲文有《梨花飘落的瞬间》《如秋水长天》。

夜色中的成都看起来无比温柔，华灯闪耀，笙歌悠扬，一派盛世景象。不过我知道，在繁华背后，这城市正在慢慢腐烂，物欲的潮水在每一个角落翻滚涌动，冒着气泡，散发着辛辣的气味，像尿酸一样腐蚀着每一块砖瓦、每一个灵魂。就像诗人李良说的：上帝昨夜死去/天堂里爬满蛆虫。他此刻正坐在旁边一支接一支地抽烟，脸阴得像个茄子。

2002年4月，许多网友深夜守在电脑前，为的是第一时间看到一部叫做《成都，今夜请将我遗忘》小说的续帖，这个作者很变态，总是深更半夜才贴新章节，新文字一贴出来，便一窝蜂地就被哄抢转到各个网站。对网络不熟或老实的网友只有死守在自己看帖的论坛，等待更新，有经验的网友根据线索，摸到天涯虚拟社区作者的主帖，直接回复帖主或表示期待景仰之心。遗憾的是，这个帖主比较牛，非有质量的跟帖不回。

这个帖主就是日后鼎鼎大名的慕容雪村，与从前单薄搞笑且有点无病呻吟的流行网文相比，这部小说更有深度，将都市年轻人的奋斗、迷茫、无奈和残酷表现得淋漓尽致。更重要的是，文字精简老辣、绝无废话，表述一针见血、直指人性。一扫痞子蔡的柔弱简单，也没有安妮宝贝的无聊短叹，在极短的时间内，被网友自动推上中国网络华文里程碑的地位。

事实证明，慕容雪村无愧于这个称号。在极快的速度之下，《成都，今夜请将我遗忘》被书商看上，飞速成书，并且一版再版，而他过去在网上写的文章也全被翻出来，大家才发现这是个真正的才子，当人们对作者深怀好奇却不能见真人时，通过媒体之口，作者如此说道：如果你吃了个鸡蛋觉得味道不错，又何必去认识那只下蛋的老母鸡呢？在今后好几年的时间里，大家都不知道这个“老母鸡”到底是个什么样的人，网上只悠悠流传他的自侃：

> 雄性，芳龄二八，丑陋，粗俗，又矮又胖。现客居广州，朝九晚五，不堪其苦。胸无大志，只求吃吃喝喝，自名曰“鼾猪”。写有破烂小说一章，唤作《成都，今夜请将我遗忘》，有人看了捧腹大笑，有人看了顿足怒骂。其他不值一提。

越是神秘越是想知道真相，这是人们的通病，可是再也找不到更像样的作者介绍了。有记者如是说，这个人在一家上市企业做高管，开着宝马，戴着眼镜，白天人模狗样，晚上趴在网上写小说。就在作者的《成都，今夜请将我遗忘》依然大卖的时候，他的《天堂向左，深圳往右》也出版了，被称为前部小说的姊妹篇，是都市文学的又一代表作。

到了2006年，慕容雪村的《伊甸樱桃》出版，与前两部小说一起，被称为“青春残酷系列”三部曲，依然大卖，还是被热捧，不少文学圈子出现了研究慕容雪村作品的现象，报纸也相继报道，在诸多报道中，我比较喜欢《扬子晚报》2006年《伊甸樱桃：人性的寓言》里的一段话：

> 作者擅长表现都市中小人物的生活经历与命运遭际，描写他们在生活的重压、欲望的诱惑下所产生的心灵钝化、人性异变等现象，进而展现生存的残酷、现实的灰暗以及人性的痼疾等问题，从而使其作品透露出明显的残忍的特色。而在艺术风格方面，由于作者由网络成名（较少制限），故其小说在情节设置上，往往曲折起伏，诡异多变，而在行文风格上更是“恣行无忌”，态度绝决。人物形象丰满，对话幽默风趣，方言或口语词汇的穿插运用亦是其小说语言的突出特点。

当有人问他为什么不趁出名时多出来露露脸时，他说：作者还是要靠文字说话，生活需要下沉的力量。他的作品也是一部比一部用心用力，每一部作品都能看到这个人的诚意和对社会的责任感——他的责任感不是来自于吹捧，而是最大限度的揭露人性的黑暗面和社会丑陋面，鲜血淋淋，刺痛你的内心，然而又不得不面对，这就是现实，这就是生活，我们在边笑边叹时，不得不深思，我们的出路和希望在哪里。

2009年12月，慕容雪村做了一个重大决定，他要卧底传销组织。在走之前，他留下了这样两句话：消失一个月，拿老命开个玩笑，若回得来，还你一个好故事；若回不来，舍我一副臭皮囊。就在家人读到他偷偷留放的“遗言”为他担心得快要崩溃之时，2010年1月22日，慕容雪村逃离传销窝点，协助江西上饶警方一举端掉23个传销窝点，共抓获传销人员157人。2010年年底，他根据卧底传销的故事写成了《中国，少了一味药》，在书的前言中，慕容雪村说：

> 我始终在问自己：为什么一个愚蠢的把戏竟能欺骗如此多的人？为什么传销者竟敢明目张胆地行骗？为什么传销一打不绝、再打不绝、总打不绝，甚至连打击本身都成为了行骗的借口？
>
> 最后我不得不承认，这就是一片适合传销的土地。所有传销者都有相同的特点：缺乏常识，没有起码的辨别能力；急功近利，除了钱什么都不在乎；他们无知、轻信、狂热、固执，只盯着不切实际的目标，却看不见近在眉睫的事实。这是传销者的肖像，也是我们大多数人的肖像。传销是社会之病，其病灶却深埋于我们的文化之中，在空气之中，在土壤之中，只要有合适的条件，它就会悄悄滋长。

慕容雪村的作品，在以轻佻讨巧的初期网文时代，可以算得上是巅峰之作。多少年以来，有不少跟风者学他的口气或行文方式，但都只是仿点皮毛，生活经验和文化功底决定了一个人的文字气质。对社会深层次的拷问和追究，是大多数仿作者所没有的情怀，而他过着一般人难以想象的生活。自从《成都，今夜请将我遗忘》出版后，他辞去上市公司的要职，每一两年换一个地方住下来，从成都转到广州、深圳、杭州、拉萨、珠海、北京，然后到国外各个地方。2012年上半年，他一口气走了16个国家，当有人问他累不累时，他说：我讨厌一个太熟悉的地方。他对生活洒脱自由的态度，让人敬仰，也让人向往。

尽管在越来越开放、越来越藏不住秘密的年代，慕容雪村的真人真名和真相都早已爆之网络，他自己也越来越多地参加公益活动，不再有以往的神秘，但他所追求的东西一直没变，2012年腾讯对他有一次微博采访，我问道：慕容先生，从《成都》到今天，你能否总结一下，你对这个社会，这个国家以及对自己，在要求或看法上，有什么变化没有？如果有，哪方面的？如果你所做的所呼吁的威胁到你的生命，你会怎么办？对于你经常被别人加密的文章，你持什么态度？

慕容雪村回答：我更能体会到我作为一个中年人的责任，觉得应该做一点事，发出我自己的声音。如果我做的事会有死亡的危险，我大概会恐惧退缩。但如果只是坐几年牢，挨几顿打，我想我会继续坚持。我的文章常被加密，对此我当然不会高兴，不过好在它们在加密之前已经广泛地传播出去了。

04 方兴东——中国博客教父

2003年

方兴东，男，1969年生，浙江义乌人，清华大学博士学位，博客中国发起人，主要著作有《你让我顺流漂去》《还原——改变计算机命运的英雄》《数字神坛——计算机业批判》《硅谷时代——创造计算机生命的英雄》《骚动与喧嚣——IT业随笔》等。

发起推广博客的人就是方兴东，他是浙江义乌人，1999年，他创办了国内第一家专业的互联网研究和咨询机构——互联网实验室。不得不说，方兴东是有远见的一个人，中国的互联网故事太多，相关的产业也数不胜数，如果他稳打稳扎，在这个地方做深入研究，以他的学识和理论知识，足以做到行业巅峰。1999年，他的著作《起来——挑战微软霸权》引起全国IT业人士的轰动，人们开始研究他的观点和思想，到了2000年，更是被《中国青年报》推选为“IT新时代十佳青年”，甚至被《中国计算机报》评为影响中国互联网发展的十大人物之一。

作为互联网的观察者和研究者，方兴东是成功的，他的文章被诸多有影响的杂志或报纸刊载，文章不仅发表在《计算机世界》《个人电脑》《电脑报》《信息产业报》这样专业性的报刊，还发表在《南方周末》《上海证券报》《财经时报》这样影响巨大的百姓报刊，媒体更是称他为“中国信息产业最具影响力的独立评论家”，他应该无愧于这个评价。

转折是在2002年，方兴东看到国外有一种新的互联网事物——Weblog，如获至宝，凭着对互联网的了解，他觉得大有前途，开始大力推广，他做这个东西的理想是——为每一个人搭建一个个人的网上家园。理想很丰满，但是花了不少时间，请了不少名人，影响并不太大。直到2003年8月，大家才知道创办这个东西的人是方兴东。2004年，方兴东的博客网获得了盛大陈天桥和软银赛富合伙人羊东的50万美元天使投资，到了第二年9月，更是获得了风险投资公司GraniteGlobal Ventures、Mobius Venture Capital、软银赛富和Bessemer Venture Partner的风投1000万美元。这个风投不是没有缘由的，据统计，从2002年到2005年，博客中国的浏览量连续三年每三个月就要翻一番，这在以浏览量来估价的网站来说，真是让人眼红的事。

有了钱的博客中国很爽，公司由40多人，半年多时间飚升到400多人，最高时甚至达到过500人。公司扩展的项目，更是涉及到视频、游戏、购物、社交等领域，如日中天的博客还打出了“全球最大中文博客网站”的口号，一时间，博客传遍了中国互相网的每一个角落。如此风生水起，自然有跟风者，很多网站照搬博客的运营模式，更重要的是，他们有自己长期以来积累的受众渠道，比如新浪作为门户网站，有巨大的新闻群体受众群，徐静蕾在新浪开的一个博客，比得上博客中国一万个默默无闻博客主的吸引力；比如天涯虚拟社区的博客，因为长久以来拥有的原创文章和新闻的互动性，它也吸引了相当一部分有影响的作者在那里开博客；更不消说方便快捷本就拥有无敌QQ用户的腾讯个人博客了。Weblog以一个漂亮优雅的姿势开了个好张，可是一因为没有后续的盈利模式；二没有更好的收纳用户的能力；三则是在2008年金融危机的影响下，许多原本计划合作的项目终止了合作；四是其他更有影响力的网站慢慢瓜分它的客户。到了2008年，就爆出了博客中国欠员工薪水的事，公司的400多人又缩减到了起初的40多个人，像是划了一个美丽的圆圈，又回到了起点。

对于博客中国的没落，方兴东坦率地说，自己更像是个诗人，而非一个商人，有了解他的人也认为，他更适合做一个写作者或观察者，而不是决策者。他身上有很重的文人气质，没有商人必要的狡猾和奸诈，这是文化人做生意的一种常态。2009年1月6日，《英才》杂志上的一篇文章叫《方兴东是否越来越边缘化》，如此写道：

> “互联网两波渡过以后，自己的优点、缺点就全清楚了。”方兴东对《英才》记者说。在他看来，“农民+学生+诗人”三位一体是他的优点，农民性格使他勤奋执著；直至2006年才结束的学生身份使他有平和的心态——不至于像刘韧那样急于求成；诗人身份则使自己保持理想主义。显然，这些特质都不足以使其成为一家公司的优秀领导者，过于简单的理想主义使其在商业面前灰头土脸。从制订公司战略，到管理员工，方兴东都没有及格。甚至在网上，某一位曾和他一起创业的前同事，专门开辟一个骂方兴东的博客，冷嘲热讽其在理想主义和实用主义之间颠簸的窘态。

微博的兴起，让专门做博客的博客中国慢慢淡出网民的视线了，就算用博客，大部分网友也是在新浪或QQ的个人空间了。方兴东也更是少见有他的新闻出来，只是在开创性的推广博客上，方兴东是个大功臣，我们不应该忘记他，这对于习惯在论坛打混战，或只敢偷窥别人信息的时代，对于第一代网民的成长是有力见证，必须记录。

PART TWO

第二章

图文阶段

01 赵丽华——梨花教主

2006年

赵丽华，女，汉族，1964年生，河北省霸州市人，国家一级作家，全国“柔刚诗歌奖”评委，代表作:《赵丽华诗选》《我将侧身走过》《中国诗选》。2006年9月网络发起的“赵丽华诗歌事件”，让她红遍网络，因网友认为赵丽华的诗歌造作神经质而被称“梨花体”，赵丽华也被网友称为“梨花教主”。被媒体称为自1916年胡适、郭沫若新诗运动以来的最大的诗歌事件和文化事件。

一个人来到田纳西

毫无疑问

我做的馅饼

是全天下

最好吃的

2006年9月13日，天涯社区横空出世一个神一样的帖子，ID叫梨花教，帖名叫《在教主 赵丽华 的英明领导下 梨花教 隆重成立！》，请注意，不要以为作者没把空格去掉，真实的标题就是这样子的，因为为了体现梨花教的风格。帖子里附有不少赵丽华的诗，比如 《一个人来到田纳西》《我终于在一棵树下发现》《事实胜于雄辩》《刘又源睡觉的时候是个孩子》《我爱你的寂寞如同你爱我的孤独》等，网友们发现，所有的诗都极口语化、短句化、简单化，网友惊叹道：我的个神啊，这也叫诗？！更多的网友则是见葫芦画样，开始写起了梨花体的诗，一个网友写：怎么能/有幸/坐如此/华丽的沙发/我一定是/中了头彩/一定。

有网友用数字1，2，3……100来排列，标题是《失眠》。

还有一网友用《新中国》做标题：一九四九年/一九五零年/一九五一年/一九五二年……

如此这样的仿作，据不完全统计，网络上有几百万首。有网友说，我从来对诗敬而远之，看到赵老师的诗歌后，发现一个真理，会用回车键就行了。另外一个网友说，原来诗歌是用来大喘气的。一时间，网络上出写了“万人齐写梨花体”的壮观景象，更有意思的是，有不少网站出现了一种叫“梨花体”的写诗软件，你任意把一个词语输入到标题格里，软件会自动帮你写出赵丽华式的诗歌。

仅仅到了2006年9月15日，也就是两天时间，百度风云人物的搜索榜上赵丽华名列第二，而她的诗，人与身份介绍都放在各大网站头条，广播，媒体，报纸都一起解读和参与，把梨花教和梨花体发散得人尽皆知，因为赵丽华的诗太有口头语的特点，而这种特点又太易模仿，所以很多人根本分不清到底哪是赵丽华自己写的，哪些是伪诗，就在全民模仿赵丽华的诗时，一些写诗的人震怒了，首先是80后作家兼诗人孙智正，在2006年9月15日写博文，大赞赵的诗很好，网友们把无知当无畏，接着是70后作家兼诗人芦哲峰写文《赵丽华的诗是一面照妖镜》，用对牛弹琴来形容网友的无知无耻。

2006年9月18日，赵丽华在博客中写了《我要说的话》，文中说道：

恶搞是社会意识形态发展到一定阶段的产物。是当今时代的一种正常现象。而网络又给这种恶搞提供了自由的平台和迅速传播的可能。不论电影《无极》被恶

> 搞，还是《夜宴》被恶搞，以及油画被恶搞，再到我的诗歌也被恶搞，都属于正常现象，它说明任何的艺术都不是只有一种形成方式和途径。你搞严肃版，我就搞调侃版；你搞崇高版，我就搞恶俗版；你搞沉重版，我就搞轻松版……这些都无可厚非，因为我们已经迅速进入到了一个解构的时代。

与赵丽华相对表现的冷静和理智相比，网友们却大打出手。韩寒的《现代诗歌和现代诗人怎么还存在》出炉，诗人沈浩波接应口水大战，举笔写《韩寒谈起文学，就如同杨恭如谈起音乐》。之后两人越战越酣，各路名人也相继加入。《赵丽华诗歌事件始末》一文说道：

> 沈韩二人在新浪博客多回合厮杀直搅得天昏地暗、血雨腥风，引来众多看客以及参与者。李承鹏、董路、何东等加入韩寒战团。伊沙、杨黎、尹丽川、橡子、春树、芦哲峰、东篱、山上石、孙智正等加入诗人战团。众多画家、摄影家、时评家、导演、编剧、音乐人、作家、媒体人也纷纷出来表态。各个网络媒体和纸质媒体纷纷做专题报道论战过程。

一个看似网络狂欢的诗歌模仿，却将如此多的文化人和名人都卷扯进来，真是不可思议。之后《人民日报》、香港的梁文道，都有过对梨花诗的解读，不管是支持还是反对，无一不证明梨花体的讥嘲和模仿，将一向让人敬而远之的中国现代诗推到前所未有的热度，有人甚至说——它将越躲越远的诗人从黑暗中拉到前台。

为何会有如此疯狂的现象呢？作为资深网民的心理，我觉得有以下几个原因：一是赵丽华的好读易仿，她的诗太不像传统印象中的诗了，在脑海里，不管是唐诗宋词，还是名刊杂志登的诗，往往都是有意境、有深度、有韵味，赵丽华的诗就像学唱流行歌曲，不一定学得有神，但是学得有形。二是网络的娱乐性，大多数网民都有一种凑热闹心理，当一个人去胡闹的时候，网络的隐蔽性，让大家放开手脚去参与，而且这个模仿也没有多大伤害性。三是归宿感，当一件事有争议，人们不知不觉会找个地方落脚——或者观点或者身体，以显示自己的不孤单，领头羊式的人在极力表明自己的观点的时候，往往也会吸引一些没有主见的人，他们加入进来，仅仅是有个位置看热闹，不代表赞同或反对。

02 贾君鹏——集体无聊事件

2009年

贾君鹏，网络虚拟人物。2009年7月16日，一位网友在百度贴吧魔兽世界吧贴了一个“贾君鹏你妈妈喊你回家吃饭”的主题帖，帖子里仅仅只有两个字母“RT”（如题）。随后短短六个小时内被390617名网友浏览，1.7万条回复，随后“贾君鹏你妈妈喊你回家吃饭”以飓风的速度向网络四处肆虐。之后，有网友上传贾君鹏名字的身份证，说是真身，但经网友们辨认，不过是PS的身份证，至今，贾君鹏都是一个谜样的网络传奇。

到目前为止，就算是天才级的网络推手也想不通为什么“贾君鹏”会火成这样，那些所谓的包装策划大师，就算想破脑袋，挖空心思，也不明白为什么一个毫无意义的空帖会引起如此巨大的网络反响，跟帖者热情似火，盖楼者乐此不疲。

2009年7月16日10时59分，一个IP地址为“222．94．255．*”的网友发了一个帖子，标题是《贾君鹏你妈妈喊你回家吃饭》，内容只有“RT”两个字母，常上网的网友都知道这是“如题”的拼音缩写，仅仅到了当天下午4点多钟，就有10000多个网友回帖，有网友假装贾君鹏回道：“我今天不回去吃饭，我现在在网吧吃饭呢。你帮我给妈妈说一下。”各大网站也快速将这一网络奇观报道，于是更多的人赶到贴吧里观瞻回帖，自发恶搞，或求得一乐，或PS图片，或冒充贾君鹏的亲朋好友回帖，玩得不亦乐乎。所有人都想知道贾君鹏到底是谁，但时间只能证明一件事，万能的群体搜索都无法找出这个人，它是虚构的人物。据百度贴吧统计，截至2011年11月21日15时50分，该帖达到35761页，回复1082060条，1074223楼，点击量47606714！4000万的巨大点击量让它像一个神话！

网友们关注着贾君鹏，传统媒体当然不会袖手旁观，顺水推舟后，网下的人也全都知道这个人了，于是商家用这个名字做手机、T恤衫、地铁等广告，到处都有贾君鹏的名字。一位极有才的网友写出了《史记》版的《贾君鹏列传》，另一位有才的网友为他写歌了，几天之内红遍中国的网络。

为什么一个没有实质内容的帖子，引起如此巨大的反响呢？我想这跟现实的社会有极大关系，一是网络传播的便利，导致这个帖子在极短时间内火爆，就像一块吸铁石，将亟待寻求刺激的网友吸过来；二是网友们的从众心理，大家都喜欢进集体打情骂俏的场所，每个人都来这里露一手，踩一脚，以显示自己没有脱离网络主流；三是帖子的简单直白，有深度有内容的文章在网上一般都不讨好，除非特定的少数人群，普通网民就是想发泄一下，释放一下压力，这个帖子正好达到了这种要求。

这个帖子的火爆，从更深层次来说，是人的怀旧心理和寂寞心理在作祟，许多网友，都有小镇或农村生活的经历，他们会对这句话感触良多，比如，同村的小朋友，到野外或别人家玩得忘乎所以，就会听到有人转达的“×××，你妈叫你回家吃饭”这句话里不仅暗示了有母亲——这是亲情，有转达的友人或乡邻——这是友情，还有自己的童年回忆。在城市化进程中，越来越多的农村变成了城市的房子或马路，甚至因为偏僻荒弃。上网的人，大多数是从外地到城市打拼的年轻人，经常是出门一把锁，回家一盏灯，无人交流，无人诉说，表面热闹繁华的城市，其实剥开来，更多的是冷漠和自保，这样一句充满深情的话，让大家集体失控，不知不觉成了贾君鹏的替身或相关者，造成了网络虚拟人物带给现实网友一次集体狂欢。

03 程国荣——犀利哥

2010年

犀利哥，男，真名程国荣，汉族，1976年10月10日生，江西省上饶市鄱阳县人。2010年2月21日，因一位网友把有精神问题、以流浪乞讨为生的他的一张相片贴在天涯社区，一夜之间走红网络，之后经过媒体介入，网友努力，让他与长达10年失去联络的家人团聚，开始了与从前迥异的生活，不仅与明星一起走秀，还被外国媒体报道，甚至有了自己名字的品牌男装，这是一个网络时代造就的难以置信的红人神话。

2010年2月21日晚上6点左右，天涯ID“街头湿人”写了一个帖子《秒杀宇内究极华丽第一极品路人帅哥！帅到刺瞎你的狗眼！求亲们搜索他的详细资料》，帖子里不仅写了一个风度超凡的乞丐，还将他那迷人身姿的相片贴上。此帖一出，立刻引来大批网友围观，回帖者如云，几乎一边倒地说这位乞丐哥是潮人，有明星范儿，气场强大。有人叫他帅气哥、有人叫他霸气哥，更多的人则称之为犀利哥。PS高手纷纷将他的脸装进各种时尚的衣服或背景里，新加入的网友则乐此不疲地对他的衣着评头论足，好事者将他的图片转到各大网站。到了24日，一场网络盛宴扩散到传统媒介，不仅有打油诗、还有唐诗和宋词，都是赞犀利哥的。许多网友准备自费去宁波追星，大家很想知道他到底是何方神圣？！

2010年2月25日下午1点，天一论坛一个叫“老馋猫”的写了一个帖子，名为《宁波的帅哥乞丐只是一个可怜的人》，总算为网友揭开了谜团一角。老馋猫说，自己一直关注精神病人，希望社会或机构有更有效的救助，2008年，他就与现在大家称的犀利哥相识，并称他为“小白”，小白精神有问题，当时为了测他的自理能力，问他饿不饿，他说饿，自己特意给了他10元，他拿了钱转身就去买了烟。老馋猫问他为什么不买饭？他指了指垃圾桶，大意是说垃圾桶可以翻到吃的。当老馋猫问小白的想法时，他说：找个女人来爱我。老馋猫最后一次见小白是在2009年年底。

网友们不仅用犀利哥来写唐诗宋词，还为他唱起了歌，当时流行最广的是网友“声琴相拥”的《犀利哥之歌》（又名：潮人乞丐歌）：潮人哥/犀利哥/乞丐王子火网络/你说我/他说我/一身名牌货/日本发型洒脱/韩版风衣暖和/法国棉裤穿着/美国破鞋踏着/哎，哎嘿，哎嘿，哎嘿……/限量版腰带引朝流/混搭红棕两种色/LV包/手中握/潮人帮帮主就是我/浑然天成不炒作/潮人哥/犀利哥/哥抽烟吐寂寞/你服我/他服我/哥不是传说/金子总会发光/银子不会埋没/干柴总会着火/油菜总有收获/哎，哎嘿，哎嘿，哎嘿……/无烦无恼无忧愁/世态炎凉皆看破/走啊走/乐啊乐/有朝一日遇伯乐/娱乐圈中当一哥。

不仅中国的网民对犀利哥兴趣浓厚，就连日本人也追起了他，在日本最大的BBS“2Ch”上，有日本的网友认为他长得很像日本当红男星水岛宏，大家对他嘴中叼的烟，洒脱的走姿，傲人的身材赞赏有加，认为他根本不像是一个流浪汉，简直是极具魅力的明星或模特儿。

2010年3月2日，在网络、媒体、救助站的联手下，大家终于找到犀利哥，一直被人漠视的他，突然面对众人的眼光和讨论，手足无措，两年来一直关注他的“老馋猫”因为与之有过交情，通过细心耐心地交流，才使他慢慢放松。当问他愿不愿意去救助站时，他说不愿，看到如此多关注他的人，竟吓得哭起来。救助站的人也很无奈，不能强迫一个成年人去那里，只好委托唯一能与他交流的老馋猫多多关注他。

之后，在老馋猫的开解沟通下，犀利哥同意去救助站，在政府、网友、媒体的持续关注中，犀利哥的家人也终于看到了他的新闻，3月4日晚，犀利哥的弟弟——程国圣带着60岁的老母赶到宁波认亲。犀利哥的身世也彻底揭晓，犀利哥——原名程国荣，1976年10月10日生，江西鄱阳县人，因家庭负担重，于10年前外出打工，家里有两个出生不久的孩子，但是这一去便音讯全无，他的妻子和老父亲在前一年出车祸身亡，两个孩子由弟弟抚养。颇有担当的程国圣说，哥哥回去后，自己有一口吃的，就有哥哥一口吃的。

十年独自流浪没有与亲人联系的犀利哥好日子终于来了。《现代快报》2010年3月5日刊文《英媒：犀利哥像金城武》中说道：

> “犀利哥”的影响力究竟有多大？我不说你不知道。我可以很负责任地告诉你，靠流浪“流出亚洲、流向世界”的“犀利哥”不敢说绝后，绝对是空前。因为“犀利哥”已经受到了远在万里之外的英国媒体的关注，英国《独立报》专门刊文报道了“犀利哥”风靡中国网络的事迹。《独立报》报道：他是一个英俊的中国流浪汉，他被称为中国最酷的男人，他的名字我们不知道，只知道他的外号“犀利哥（BrotherSharp）”，他是一个谜。照片中的他面庞英俊，姿态有如模特，穿着打扮

看似衣衫褴褛，其实品位不凡，在真皮夹克外套着一件大衣，搭配很是合理。他的眼睛正视着远方，被一个粉丝称为“拥有具有穿透力的深邃目光”，而他往前的步伐充满着自信。但是，这不是在T型台走秀，这的的确确是宁波市的一个无家可归者。现在，大量的网络追随者把他称为中国最酷的男人。

2010年5月1日，犀利哥程国荣身穿名牌服装在顺德碧桂园农庄与女模特同台表演他的首场服装秀。6月11日，腾讯独家专访犀利哥，他说，想娶一房妻子，好好过日子。2010年12月30日，“犀利哥”男装在上海正式召开新闻发布会，犀利哥品牌男装创立。尽管鲜花和荣誉不断，但依靠一张流浪照片成名，且精神有问题，与人沟通有极大困难的人，能否持续撑得起这些荣誉和真正的商家需求，还真是个大问题。果然，这之后鲜有犀利哥的新闻问世，一个图文娱乐大众、又被反娱乐的时代，在犀利哥身上体现得淋漓尽致。

PARTTHREE

第三章

视频阶段

01 香香——第一位网络成名的歌手

2004年

香香，女，汉族，1984年6月14日生，湖南省常德市桃源县人，在湖南师大音乐系短暂学习后退学，代表作品有：《老鼠爱大米》《猪之歌》《香飘飘》《万人迷》《彩虹天使》《一盆眼泪》《炼凝香》，2004年因演绎《老鼠爱大米》而突聚人气，成为网络红人。

在香香之前，大部分的歌手要不就是通过唱片公司发唱片，要不就是通过酒吧类娱乐场合驻唱来一展歌喉，或者是自掏腰包找人做唱片，以此类方式来实现自己的音乐梦，香香用她的方式告诉音乐人，原来网络成名的成本更低、受众更广、成名更快。

在许多介绍香香的文章里，都把这个小女生描绘得古灵精怪，这倒是跟她喜欢唱的歌是同一路数。香香出生时，又白胖又漂亮，家里人对她宠爱有加，五六岁的时候，正在放旧版的《红楼梦》，电视剧播完，她可以把里面所有的曲子都唱出来，香香的妈妈彼时还不觉得这是她的独特长处，总觉得她什么都好奇，什么都能弄得像模像样，给她报了一堆的兴趣班，累个半死，毫不得法。到了小学，经过家里人的研究和摸索，认为她在音乐上面比其他方面更有天赋，就着她的性子来满足她的音乐爱好，任意让她买回喜欢的歌手唱片，在读书方面也没有强求她要拿什么好成绩。进入湖南师大攻读音乐专业的本科，也是作为特招生进入的，但是进学校不到一年，她觉得正统学习的方式不能满足自己的个性，天天猫在宿舍懒得去听课，老师烦了，经商量，让她退学了。

家里人当然愁，但还算民主，表面上并没有给她压力，香香妈妈在她退学后一个多月，托朋友帮她找了份在某记者站做打印员的工作，香香正式接触到网络。她发现网络是宝藏，在工作之余，先后学会了QQ聊天、语音聊天、打网络游戏或者是翻唱歌曲，更要命的，因为上网太入迷，常常误了休息时间，到了上班时间根本起不来，一到晚上，忍不住翻窗上网，被活捉，站长把香香妈妈“请”来，说：“四楼这么高，她半夜里爬窗上网，掉下去了怎么办？我负责不起，您把她领回去吧。”

这还能说什么呢？开明的香香妈把她领了回去，香香更是吃了睡，睡了上网，自己翻唱诸多歌曲上传到各音乐网站，日后有报纸采访她，她是这么说的：“最初，我在一个网站的论坛上看到如何录制歌曲的方法，于是花15元买了话筒，在家利用简单的录音设备，花了3个小时录制了第一首歌曲《一千零一个愿望》，发到网上去，从此便一发而不可收了，唱歌曲对我就像玩游戏一样有瘾。”

2004年年初，飞乐唱片公司听到好几个人推荐，说一个叫香香的歌手，网上有不少她的翻唱歌曲，嗓音不错，飞乐唱片公司相关人员试听后，感觉不错，花了8000元买了杨臣刚的成名曲《老鼠爱大米》给她翻唱，本就小有名气的歌，被她一唱，顿时红遍网络，对于这首歌曲，当时网络把它推崇到极高的位置，比如网易的一个帖子《老鼠爱大米：网络歌曲的顶峰》说道：

可以说，在中国进入新世纪后，随着娱乐活动的多样化后，音乐在业余生活中的中心地位已经不再那么突出。而网络时代的到来，更让新一代的年轻人，只是将歌曲当成是他们上网过程中的伴奏音乐，舒缓放松神经的一种工具。《老鼠爱大米》正是因为这样的背景，成为许多年轻网民上网时的背景音乐，既能跟着唱又能不闹心，一举两得。

唱片公司也挺有远见，觉得香香的名气远超作品，需要有新作品配合，才能走得更远，于是又帮她量身定制了《猪之歌》，经过网络推介，这首歌也是迅速走俏，销量达到100万张，专辑同名主打歌曲《猪之歌》跻身美国iTunes全球音乐下载销量排行榜第四，日后，当人们提起香香时，总会不由自主地把她和《老鼠爱大米》及《猪之歌》联系在一起。

香香的成功，跟当时的网络大环境有莫大关系，如果对网络音乐熟悉的人，应该记得郑立，他曾被称为商业奇才，是年轻的身家亿万的CEO，他创办了"163888音乐网"，神速地发展成为当时国内最大的音乐门户网站，香香的《老鼠爱大米》就是在他的网站被唱红的。后来该网站成功融资，做成了分贝网，无奈网络音乐竞争越来越大，他的音乐网慢慢凋落，而他的胃口越来越大，为了再创神话，与人合作做色情网，半年斩获2000万元，被判入狱六年。

且说香香的歌曲唱红后，音乐电影《老鼠爱大米》也出来了，香香主演，演得好不好当然在其次，但说明这个东西有名气。2006年，香香的专辑《香飘飘》出炉，EP《万人迷》《彩虹天使》相继问世，影响都不差。到2012年10月，媒体更是大肆炒作这样一个话题——香香新歌《炼凝香》惊为"仙曲"7位数拿下商家代言。这炒作里真假有几分咱们且不论，但这样叫卖，已经说明了网络红人敢与传统明星媲美了。

从香香开始，就到了新媒体时代，不同于最开始的BBS文字实力出红人，人们要花大量的时间看这个人的许多文字，才能确定他的文字功底好和坏；也不同于几张图片暴露身体炒红一个人的图文时代，人们以猎取新奇和填补空虚为重点；新媒体时代，更具有立体感，在任一角落，任一方式，都可以冒出新的红人。在越来越快餐的时代，越来越讲究效率的现代人，已经不想费脑子去研讨有深度的东西了，视频里一个小故事，微电影里一张女人脸，都让他们在三分钟内做出判断，值不值在这人身上多花一分钟，如果不值，赶紧走人！

02 任月丽——西单女孩

2009年

西单女孩，女，真名任月丽，汉族，河北涿州人，1988年4月13日生。曾经是西单地下通道的一位流浪女歌手，2008年一位拍客拍摄她翻唱的《天使的翅膀》上传网络，因其平凡的外表和纯净的声音，深深打动了以草根为主的网民，大家叫她“西单天使”。2011年代表草根力量，登上了中国最大的舞台春晚，被央视等媒体称为“百姓歌手”。2012年自己筹资50万元出版了个人首张唱片。

2012年7月，新浪微博疯转一张图片，图片里一堆看起来莫名其妙的文字，解释图片的文字说，一分钟之内你看到的前三个词语，很可能代表你的人生观。不仅普通网民参与这个游戏，就连大牌明星也参与，加大了它的影响力，大部分人都认为它很准，之后有报纸特意请了专家来解读这种现象，心理专家说，这玩的就是“心理投射”游戏，还是初级的。

西单女孩的网络走红，我觉得也是一种典型的心理投射现象。她的真名叫任月丽，父母都长期患病，16岁时因为家庭的窘迫而辍学，从河北到了北京做北漂。帮人打了一个月工后，饭馆老板欺她弱小，连工资都不给。小姑娘不想再这样任人宰割，看到有流浪歌手，唱歌时能收到钱，她也决定学唱歌。于是花两个多月时间，跟一位她看好的歌手学吉他，之后便另立门户。

2008年12月，是任月丽人生的转折点，拍客“非我非非我”（北京怀柔人线永京，著名的拍客）在20日拍下她的翻唱歌曲《天使的翅膀》视频，并上传到新浪播客，劣质的吉他声，过往行人杂乱的脚步声，任月丽穿着朴素甚至土气的衣服，长相普通，安静地拨弄着吉他，干净清澈的歌声沁人心脾，听到此歌的人被视频中的人和歌深深感动，这段视频也被不少网友点击并评论，但因受众有限，没太多人关注。到了2009年1月26日，一个署名叫“alucard77117”的网友将这段视频转载到优酷网，立刻引来众多网友围观，并大力赞美，他们叫她“西单女孩”，或者“西单天使”，许多人不远千里去找她，只为了一睹风采。据统计，

2009年2月3日晚6点左右，西单女孩的《天使的翅膀》点播超过300万次，被顶220多万次，大家说这是网络奇迹。

在网络上，想挖出一个人实在是易如反掌，很快就有人透露消息，西单女孩的身世和她这几年独自奋斗的经历。一个长相普通，歌曲也谈不上太好的小女生，一把吉他，一首翻唱的歌曲，何以打动如此多的网友？不仅仅有凑热闹的心理，更有投射心理。中国网民绝大部分都是草根，20世纪70年代出生的人，已是人到中年，上有老下有小，自己既不敢轻易追求梦想，又不甘平凡生活，压力让他们提前长出了白发和皱纹；80年代出生的人，面临高房价，孩子的入托难，工作不好找的问题，也是一肚子苦水；90年代的人，升学压力，就业压力，拼爹压力，没有上几代人的信仰和理想，过着貌似快活却莫名其妙的生活，更是茫然失措，突然冒出一个跟自己一样平凡的、不起眼的、追求梦想的女孩，她贫困而坚强，没有如花容貌却淡定从容。

2009年3月26日，由优酷网主办的"天使不哭"西单女孩听歌会在北京举行，此时的西单女孩已经不是你可以免费站在地下通道就可以听到她唱歌的人了；4月9日，西单女孩做客CCTV央视网，成为《我要上电视》互动的网友嘉宾；4月14日到4月17日在浙江杭州，录制电视节目《小武向前冲》；5月10日，做客江苏教育频道《家春秋》；5月16日，参加央视一套《我们》节目录制；5月21日，接受《新京报》采访……在所有的采访或节目里面，最华丽的登场，当然是2011年的春晚了，她的亮相，让更多不接触网络的老老少少都看到了这个普通而坚强的女孩，也让她真真切切从网络红人变成了大众名人。

为什么一个普通的任月丽能受到这么多官方媒体的喜爱和追捧呢？与之前网上火得一塌糊涂，传统媒体却冷淡无视的网络红人相比，她真是一个幸运儿，想想也不奇怪，这就是所谓的“正能量”，阳光、积极、坚强、不屈，这些媒体喜欢的词都可以放在她身上，宣扬这样一个正面人物，比那些暴露黑暗和丑陋的人相比，更具有可操作性和可控性。

频繁做电视节目和参加各类活动风光无比的西单女孩，其实也不像大家想象的过得那么美好，一帆风顺。由于年纪小，没有太多社会经验，猛地成名，马上有公司跟她签约做歌手出唱片，她毫不犹豫答应了。签约后，公司许诺为她出唱片没有做到，一怒之下，任月丽与公司解除合约。之后凭借名气海选“我要上春晚”，一路过关斩将，眼看就要上“我要上春晚”的复赛，一纸传票飞达，原来是公司通过电视，看到任月丽参加了比赛，向法院申请“禁唱”，要求任月丽在“我要上春晚”和“春节联欢晚会”的舞台上都不得演唱该公司创作的歌曲。最终，在2011年的春晚上，任月丽唱了《想家》，自然，这首歌也进了亿万华人的耳朵了。

2012年3月，许多媒体都在报道西单女孩的喜事，腾讯娱乐

《野百合也有春天，西单女孩任月丽发布首张专辑》里如此说道：

> 从寒风彻骨的北京西单地下通道，到央视春晚万人瞩目的绚丽舞台；从无数陌生网友的心灵共鸣，到一波三折、笑泪与共的追梦历程；从一把旧吉他相伴的99秒淳朴原生态，到国际著名音乐人的悉心制作……西单女孩任月丽终于在音乐的道路上，羽化成蝶，振翅飞翔。

这则新闻写得很感人，不仅赞扬了任月丽的人与歌，还说了她主演的两部影片，一部是支教题材的《在那遥远的小山村》，另一部是同名电影《西单女孩》，而更多的新闻则说明，这张唱片是任月丽花了50万元制作的，她说："这是我一辈子的梦想，2011年春晚之后省吃俭用才有这张专辑。"不管如何，50万元仅一年就能省吃俭用下来，这不是普通人能想象的。很明显，任月丽离草根阶层已经越来越远了，尽管她在网下名气越来越大，但网络上关心她的人越来越少了，这是人性、网性，也是社会属性。

03 旭日阳刚——农民工歌唱组合

2010年

旭日阳刚，流浪歌手二人组合。王旭，男，1966年生，河南商丘人；刘刚，男，1981年生，黑龙江省牡丹江地区穆棱市河西乡三兴村人。因两人合作翻唱汪峰的《春天里》，被网友将其录制成视频上传网络，而一举成为网络红人，后来又上了毕福剑主持的《星光大道》，直通春晚，被全中国人所熟悉，他们的成名与西单女孩的成名有异曲同工之妙。

2008年，全球性的金融危机后，中国的许多加工型、粗放型的中小企业，因为无法再在市场上占有一席之地，或收缩战线保生存，或直接倒闭，相继出现的企业倒闭潮就是实证，而中国有2亿农民工，他们中年纪大的一部分人早早抛家弃子，来到城市，想追寻自己的发家致富梦，无奈现实很残酷，工作不好找，找到了也大部分是又脏又累的活，有时候还讨不到薪，吃得最差用得最烂存的最少，是他们的常态。小小心心攒了一年的钱，才敢在过年的时候回去全家团圆，因为这让他们能一扫360天在外打工的压抑和无奈。年轻的农民工，不管有多少希望和梦想，都不得不屈服于现实，高房价让他们不敢轻易恋爱结婚，高房租让他们的工资如梦似幻地跑到别人腰包，而城里的同龄人开豪车住好房带着漂亮的妹妹，出入高级休闲场所，当他们想买两件像样的衣服，眼前却浮现山村里父母那苍老的脸和做农活变得弯曲的背，这就是现实和无奈，所以，当2010年8月，网友们看到视频中有一对农民工，在逼仄的小租房里，在架子床、脏脏的帆布衣柜、破旧的窗帘、随意横穿小房间当晾衣竿的绳子中，赤着膊、夹着低价烟、弹着吉他、唱着撕人心肺的“还记得许多年前的春天，那时的我还没剪去长发，没有信用卡没有她，没有24小时热水的家，可当初的我是那么快乐，虽然只有一把破木吉他，在街上，在桥下在田野中，唱着那无人问津的歌谣，如果有一天我老无所依……”时，忍不住流下泪来。

“如果有一天，我老无所依……”所有人都为这一句打动，在这滚滚向前的物质洪流里，他们过得如此沉重和心酸，这一句老无所依，几乎让所有人产生共鸣，而他们身后的背景，更是自己或父母生活的一个缩影，那个带有沧桑的嗓子和一把破旧的吉他，代表了底层人物对梦想的执著不放弃。

这对农民工组合叫“旭日阳刚”，因为他们的传唱，这首歌红得一塌糊涂，影响之大，甚至连一位60后的省委书记也在公开场合说“每看一次都感动得热泪盈眶”。这更加大了追捧旭日阳刚的热情。早有人找出这是汪峰的原唱，但这有什么要紧呢？汪峰的歌汪峰没唱出名，旭日阳刚却唱出名了，这才是王道，对这首歌词而言，所有人都认为旭日阳刚比汪峰更贴合主题，因为汪峰早就功成名就，他不像老无所依的那类人。

好吧，“旭日阳刚”在千万个草根的追捧下，终于成为名副其实的网络红人了，于是，就经常看到他们的新闻了，他们其中的一个叫王旭，男，1966年生，河南商丘一个农场的工人，年轻的时候，是一个时尚新人，长发、皮裤，高中后买了把吉他，扔下手中的果树跑出去走穴唱歌，因为老婆生了孩子，孩子都快上小学了，才想起来要做一个负责任的好男人，于是从愣头小伙子变成了好爸爸，种果树，打农药，之后小儿子出生，他不甘心平凡的生活，再次跑到城市寻梦。到了北京，搬过砖，做过小贩，但更多的是在地下通道唱歌，既能安慰一下自己的梦想，又能赚点生活费。另外一个小伙子叫刘刚，1981年生，地地道道的农民工，黑龙江省牡丹江地区穆棱市河西乡三兴村人，之前当过兵，也会弹吉他，两人因为唱歌认识，帮他们录视频的是他们的一个好兄弟，也是一个流浪歌手，叫商海峰，“旭日阳刚”的名字就是他给取的。

变成了网络红人，旭日阳刚的生活就不一样了，他们先是参加有草根梦想舞台的“星光大道”，以绝对的姿态，超强的人气，先后获得周赛，月赛冠军，又在2010年11月13日参加汪峰的“怒放摇滚演唱会”，正式与演唱界大腕同台献唱。2011年，他们成功登上央视春晚，歌唱《春天里》，成为全世界华人关注的重点。跟着又在央视元宵晚会歌唱《我的未来不是梦》，感动观众。

与一路飙升的人气相比，旭日阳刚开始名不副实了，除了过往人们赞同他们的底层出身，对他们抱有同阶层人的同情和寄望，他们也渐渐蜕掉名人的光彩，正面新闻越来越少，先是王旭以侵犯公民名誉权为由，将冯巩的学生王彤告上了法庭；然后是商海峰接受媒体采访，暗示旭日阳刚不是真正的农民工，并暗示两人成名后，把他这个“恩人”丢在一边；接着是汪峰写了一篇长达5000字的博客，说明自己要求旭日阳刚停唱《春天里》的各种理由和原因；再跟着爆出刘刚开豪车持棍打人的事件。

对于这些负面新闻，很多网友表示失望，甚至有人后悔当初投入在旭日阳刚身上的情感太多，其实我倒不这么看，素质不是一天两天能成就的，旭日阳刚本身就是普通人，他们过着最普通的生活，在成名之前，他们挣扎着过生活，有时候需要强势一点保护自己的权益；成名之后，不代表他们的个人素质就能达到大家对名人的素质要求，不管是持棍打人，有没有打人，也不管是否忘恩负义，或者没有自己的版权歌曲，都是正常的，他们绝不可能超越汪峰——天赋和底蕴已经决定了，网友们不要用明星的标准去看待他们，把他们看作普通草根或身边一普通分子就好了，当然，如果他们能奋勇直追，文化素养和歌唱事业来一个华丽丽的大提升，那就是喜欢他们的网友的福气，也是他们自己的福气。

PART FOUR

第四章

碎片化阶段

01 药家鑫——药家鑫事件

2010年

药家鑫，男，1989年11月7日生，出事时，是西安音乐学院大三学生。2010年10月20日深夜，药家鑫驾车撞人后又将伤者连刺八刀致其死亡，在逃离现场时再次撞伤行人，二次逃离时被附近群众擒获。因很快被公安机关释放，网上热传他是富二代或官二代。2010年10月23日，药家鑫在父母陪同下投案，2011年1月11日，西安市检察院以故意杀人罪对药提起公诉，2011年4月22日一审宣判，药家鑫犯故意杀人罪，判处死刑，剥夺政治权利终身，并处赔偿被害人家属经济损失45498.5元。5月20日，二审维持一审死刑判决。2011年6月7日，药家鑫被执行死刑。

药家鑫生于1989年11月7日，西安市新城区公园南路二十街坊，2010年10月，他还是西安音乐学院大三的一名学生，20日晚23时左右，他开着自己红色的雪佛兰小轿车送完女友后返回，当车行驶到西安大学长安校区外西北角学府大道的时候，撞到同方向行驶，骑着电动车的女子张妙。他下车看了，发现张妙睁眼看着他，不住地呻吟，不知对方到底伤得如何的药家鑫恶向胆边生，从车里拿出尖刀，向张妙刺去，直到确认对方再也不可能认出自己才停手，事后，法医鉴定一共是八刀。杀人后，药家鑫赶紧驾车逃离现场，在逃至郭杜十字路口时，又将一对情侣撞伤，就在他再次准备逃离现场时，被附近的群众抓到，但是公安人员认为他只与后一桩案件相关，很快将他释放了。

张妙的死，则是一名路人发现报警，称在西安大学长安校区西围墙外的翰林路中段靠近马路东道沿边，有一女子浑身是血躺在地上，旁边有撞坏的电动车，女子生死不明。警方赶到现场。很快警方组成了专案组，经过走访调查，知道她叫张妙，长安区兴隆街办宫子村人，她是一个年华正好的年轻母亲，刚26岁，儿子才2岁半，是一个家庭关系简单的农妇，家庭经济条件一般，但一家人很幸福。为了缓解经济压力，张妙夜晚在一家麻辣烫店帮忙，出事的当晚，便是她下班回家的时候，办案人员无法理解这样一个人怎么会遭到连刺八刀的毒手，直到2010年10月23日，药家鑫在他父母的陪同下到公安机关自首，大家才恍然大悟。当天，药家鑫被长安警方依法刑事拘留。25日，经长安检察机关批准，因涉嫌故意杀人，药家鑫被依法逮捕。

因为手段太过残忍，药家鑫的交通肇事后杀人灭口，很快引发了网友们大讨论和声讨，大家觉得又一个富二代或官二代出来闹事了，对他更是痛恨有加，网友们很快就进行了群体搜索，搜索结果显示，药家鑫不是富二代，但家境较殷实，撞人的车是他名下的，撞人前的三个月他刚拿到驾照，当被问何以如此残忍时，他说怕农村人难缠，才下此狠手。

因为药家鑫的事件太过恶劣，全国媒体和网友们时刻关注动态，与此案相关的人员也全都现身，有人认为张妙已经去世，对于这个普通的农家，从富裕的药家多多要求民事赔偿才是正事。张妙的老公虽然带着才两岁多的儿子日子过得颇为艰难，但他坚持人命关天，钱不重要，为张妙讨回公道才重要。药家鑫的父母也被推到风口浪尖，说他们教子无方，才一个大学生，就为他买车显摆，现在让儿子背上人命案，也是显富的恶果。张妙的父亲痛苦万分，更是要求严惩杀人凶手，大部分网友要求杀人者偿命，若是这样的杀人者能轻饶，简直是纵容此类案件的发生。

2011年4月22日，尽管律师提出了药家鑫有初犯、自首情节的辩护，但西安市中级人民法院一审还是判处药家鑫死刑，剥夺政治权利终身，并处赔偿被害人家属经济损失45498.5元。判决出来后，网友拍手称快，媒体再掀讨论热潮，因为不少人当初估量药家鑫可能被判十年以上徒刑，没料到是死刑。

2011年4月28日中国警察网—《人民公安报》署名刘元林的《药家鑫杀人案折射出价值观偏见》一文说到这样三个观点：

> 其一，他有一个偏见，即“交通事故，撞伤不如撞死”。这个看法虽不是药家鑫本人所发明，但显然是一些机动车驾驶员的悖论。
>
> 其二，他还有一个偏见，即“农村人难缠”。不知从什么时候起，“农村”成为落后和愚昧的代名词，“农民”成为大小舞台上竞相嘲笑取乐的对象。
>
> 其三，药家鑫说：“我是在压抑的环境里长大的，我经常觉得自己没有价值，多次想自杀。”这，无疑是药家鑫那“一念”滋生的最重要的心理土壤。

据媒体称，药家鑫的父亲虽非高官，也算是有一官半职的人，母亲也有正式工作，父亲对他教导从严，母亲则对他放任宠爱。作为家里独子，何以存有“自己没有价值”的念头？我想起当今社会中的诸多失学儿童，因为父母在外地打工的留守儿童，以及那些放学后还需要帮父母做事的农村贫苦孩子，就在写这篇文章的时候，贵州毕节刚发生五个流浪儿童因天冷在垃圾箱中烧火取暖而闷死垃圾箱的惨剧，一方面是物质应有尽有，不缺家庭幸福的，活着没意思的大学生，一方面是严重缺乏家庭温暖和生活物资的儿童，他们的起点如此不一样，结局却都是悲剧，是社会出了问题？还是教育出了问题？亦或是制度有问题？

更让人觉得后怕的是，药家鑫撞人后，首先想到的是如何逃避责任，如何不让伤者认出自己，免除麻烦，在每向伤者捅下一刀的时候，他那曾经引以为豪弹钢琴的手不知是在颤抖还是在享受？一颗稚嫩的心流着冷漠残忍的血，而一审判决后，西安有5位教授决定联名呼吁免除药家鑫死刑，独立学者王新说道："舆论喊杀声一片，这不是一个好的社会现象，大众对一个年轻人的审判，不能在一个非理性、非平和的心态下去进行，这牵扯到对一个生命，对一个人的尊重。"

就在网友与流传的5位教授观点叫骂一片的时候，二审结果也出来了，维持原判，大家这才松口气。2011年6月7日，药家鑫被执行死刑，轰动全国的药家鑫杀人案终于落幕。

02 萧百佑——中国狼爸

2011年

萧百佑，男，1964年生，中国广东人，毕业于暨南大学国际金融专业，奢侈品行业从业者，同时涉足地产。其与香港籍太太黄天淑育有四个孩子，一子三女，因其中三个孩子进了北大，被媒体炒成他的口号是“三天一顿打，孩子进北大”引起广泛争议，更因为打骂教育孩子的方式而被称为“中国狼爸”，成为2011年的网络红人。

每到高考季，全中国人的神经就高度紧张，不仅因为孩子的高考成绩可能影响他的自信心、择业，还因为中国现在大部分家庭都是独生子女，孩子连接的祖辈个个对孩子寄予厚望，所以在高考前，只要在中国内地，经常能看到全家陪读、陪考的壮观景象。究其原因，尽管大部分家长都在骂中国的应试教育，可是自己也无法改变现状，只好祈盼在自己的能力范围内，让孩子不落后于他人，让自己的良心得到一点安慰，所以，营养品、课外书、应试秘笈、课外辅导，都成了家长的关注重点和抢夺阵地了。至于高考后，孩子是考上重点大学，还是二本或大专，那就是几家欢喜几家忧的事了。

与中国大部分独生子女的家庭来比，生了四个孩子的萧百佑简直成了父母们的偶像，因为他的三个大孩子都进了大家望尘莫及的北大。长子萧尧出生于1989年，与长女萧君都生于香港，老三萧箫、老四萧冰出生在美国。2009年，北大港澳台联考的文科分数线是591分，一共招了5个人，萧尧和萧君占了其中两个名额，萧君以616分被法学院录取，萧尧以591分被北京大学国际关系学院录取。2011年，老三萧箫也上了北大，很快，“一门三北大”的新闻席卷中国网络和传统媒体。2011年11月，就在三女儿上北大不久，萧百佑做客江苏教育电视台，大谈自己的教育之道，他认为棍棒教育很有效，赞同对孩子进行军事化教育，有极其严格的家规，一时间，“中国狼爸”声名远扬。

“中国狼爸”引起巨大争议的重要一点便是军事化教育，在他的家规中，为了培养孩子艰苦朴素、勤俭节约的生活作风，孩子们不许喝可乐、不许吹空调、不能随便打开冰箱，没有零用钱，连压岁钱也要上交，等到孩子上了大学，才由父母返还……大家哗然，这哪里是有爱有温暖的家庭，简直是狼窝嘛，这个家庭没有民主，没有自由，没有人权，更没有享受。中国狼爸说：虽然孩子表面上没有自由，但是有了同龄人没有的学识。

就在大部分网友指责“狼爸”没有人性时，狼爸也解释了自己的打孩子，并不像网友们想象的毫无道理，比如孩子在12岁之前，性格还没成型，用打来纠正他们的错误，起到震慑作用，打的工具也只是藤条或鸡毛掸，伤皮肉不伤筋骨，打之前要说明孩子错在哪里，到了初中以后，尽量讲道理。细心的网友回想“中国狼爸”的整个出场和说辞，才发现这又是一场炒作，炒作的重点，一是北大，中国的北大和清华之难考，是全中国高考父母的心头痛，而这一家就进了三个，叫其他中国父母情何以堪！二是惩戒，在中国的民主教育和人格独立越来越看重的今天，气急之下打了孩子的父母生怕别人知道，怕别人骂自己野蛮教育，这位狼爸打孩子还大肆宣扬，简直让人难以置信。三是奴性教育，在这个家庭里，曾经有一件事，大儿子萧尧曾据理力争说，现代社会要讲求民主。“狼爸”不屑地回答：“你是民，我是主，这就是民主。”

尽管知道是炒作，但炒作得如此成功，也证明了教育在国人的心中占有多大位置，不少网友费心巴力地解读“中国狼爸”的成功之道，一些网友则质疑中国狼爸是钻了中国教育制度的空子，百度贴吧一个ID叫“卡子220”的网友说：

> 2010年高考，河南的报考人数是95万人，北大在河南一共录取了122人，其中包括医学部和国防生，也就是说北大在河南的录取率低于万分之一。而2010年香港报考港澳台联考的人数是800人，北大在香港录取了18人（文科5人，理科13人），也就是说北大在香港的录取率高于五十分之一，是河南的两百倍。此外，参加港澳台联考这800名香港考生，都是被香港和欧美高校淘汰的落榜生，也就是说人家是在别无选择之下、在业余时间准备一下这个考试，而狼爸的孩子是从三岁就开始准备这个考试了。

毫无疑问，这是“中国狼爸”三个孩子考上北大引起争议的一个焦点问题，众所周知，在中国历年的高招之中，除了少数民族有特殊政策，各省能考上北大清华的屈指可数，那录取分数，让人咋舌，有网友甚至不客气地说，如果他们在内地的湖北、山东、河南等高考大省考，也就是一本稍好点学校的样子，死也上不了北大。

03 刘俐俐——非你莫属求职事件

2012年

刘俐俐，女，湖北松滋人，汉族，1987年生，北京外国语学院自考英语本科学历。2012年1月9日，参加天津卫视《非你莫属》节目，因说话方式与语气和其他求职者太不一样，遭到主持人以及嘉宾评审的质疑，之后有人将视频上传BBS，在微博上引起巨大争议，一些名人也加入各自阵营，刘俐俐因此走红网络。

主持人：为什么不在那块升大学？

刘：因为在那边就是说费用稍微有一点高，然后我在新西兰待了三年，三年之后才回国，那个时候我就觉得，哇，中国变化好大，我要是再在新西兰待我会傻掉的，因为他那边的节奏太……

主持人：稍等，稍等，稍等，刘俐俐，为什么我在和你沟通的时候，我浑身一阵一阵的犯冷呢？我很少……

刘：您在生我的气吗？

主持人：我很少会和我的朋友们沟通说，hello，你觉得中国怎么样？这是我们自己的国家，我们待在自己家里面，还需要用大写来称呼吗？

刘：那请问你跟别人说的时候都说我的祖国吗？祖国也是个大写啊。

这是《非你莫属》节目中，刘俐俐和主持人张绍刚的小部分对话，引起争议的，不仅仅是这一段，还有此对话之后嘉宾们和刘俐俐的对话，在评价刘俐俐的时候，分别有恨、嘲讽、目露凶光、蔑视、狂浪等完全性的贬义词。

视频经微博一传开，立刻有人开骂，了解网络的人都知道，除了第一代网民，相对比较老实严谨外，现在的网民鱼龙混杂，大多集聚在15~30岁之间，这个年纪，最大的特点是活力十足，敢想敢干，但是心理不够强大，还不完全了解自己的弱点，当想着要去求职的时候，会本能地把自己放在一个更低位置，另外，人都有同情弱者的本能，刘俐俐作为求职者，明显处于弱势地位，当嘉宾用不好听的词语指责她的时候，很多人感觉到这简直像是现实生活中老板对员工的态度，极度不爽。于是网友通过网络的BBS、视频网站留言以及微博把张绍刚和嘉宾骂了个狗血喷头。

由于网络的热炒，有影响力的社会名人也来观战了，新东方创始人之一、职业规划和人生发展咨询专家徐小平说：

> "看了节目特别难受。主持人对一个无辜女孩的冷嘲热讽和无中生有的指责，使得这个节目蒙上了难以洗刷的羞耻。"

创办创新工场任董事长兼首席执行官的李开复则说：

> 节目设计有严重问题：1.没有管理经验的主持人凭什么做主面试官；2.一两个嘉宾可能事前就安排做挑刺工作；3.用剪接技巧陷害面试者。

女明星姚晨更直截了当：

> "哪能联系到这个姑娘，我们团队欢迎她。"

专栏作家王小山说：

这些都是什么人啊？从主持人到各位“大佬”，都这么欺负人吗？我怎么没看到这姑娘的任何攻击性呢？莫非我天生善良？

ID“闵元”的网友说道：

我们看到的是一群居高临下的人，要将个人价值理念和所谓的做人原则强加给一个处世未深的年轻女孩，在那个女孩不能接受或者难以融入的时候给予定点清除的暴力行为！

当然，也有力挺张绍刚和《非你莫属》节目的，天涯一个网友的帖子，专门用来总结刘俐俐的错处，一是矫情做作；二是目中无人；三是自作聪明；四是把无知当幽默；五是尖酸刻薄……

刘俐俐尽管在《非你莫属》被批得灰头土脸，但很快红遍中国，有的公司橄榄枝向她伸来，据媒体报道，因“一战成名”，刘俐俐获得口齿伶俐、思维敏捷、个性独特的印象，被某卫视邀请加入做主持人，但目前来看，还没有她主持的节目问世。

PART FIVE

第五章

时事与新闻类红人

01 邹涛——不买房联盟

2006年

邹涛，男，1974年4月生，祖籍湖南邵阳隆回，现为深圳人。因2006年在网络倡导“不买房行动”而名噪一时，跟随者颇众，之后在房价火箭般往上冲时，又发起“万人住房团购活动”，而遭众网友唾骂。2010年，再次冒出来，发文《公开向2006年全国响应我呼吁的人民悲伤道歉》，之后渐在众人视野中淡去。

2006年4月26日，深圳市民邹涛在互联网上发布“不买房行动”的公开信，信里大意是说现在房价虚高，是因为炒房人带来的恶果，普通人根本买不起房，号召大家现在不要买房，只要三年不买房，让房子烂在炒房人手上，到时就会等到合理价格的房子。帖子里帮人算了这样一笔账：

> 我们要实现在深圳买房这样一个安居乐业的简单梦想，即使月收入达到7000元的，按揭购买一套90平方米的房子，以均价8000元计算，总价70万元，15年的按揭，我们每月就要负担3000多元的按揭支出，负债收入比率达到了45.71%（通常国际上的标准合理上限为40%）。在15年的按揭期间中，家庭实际的利息支出将达到176000元，还没有考虑未来国家可能进一步提高按揭贷款利率等其他情况。如果没有其他福利和年终奖的收入，则这样的负债水平还能有什么安全感可言？

邹涛的不买房号召一出来，应者如云，短短的时间，就有几万名网友自愿加入不买房行动，媒体争相报道此事，邹涛忙得不亦乐乎，接受各处采访，甚至还有媒体报道一位外地的大爷，存了一辈子钱，正准备买房，听说不买房运动，看了其中的“合理化分析”，也坚信房价过高，千里迢迢来到深圳，支持邹涛的“不买房行动”，而彼时深圳的房地产均价是8700元/平方米。

早有网友扒出邹涛背后的故事，说他是将自己的房子卖掉后，才号召大家进行“三年不买房行动”，而且相对于同龄人，他在深圳算是精英人士，不仅有过房，还有车。当“不买房运动”在飞涨的房价面前渐渐演变成一场笑话后，媒体报道说邹涛卖掉车，回到湖南生活。可是到了2008年，大家发现他又鼓捣起了“万人购房团”，他的说法是——请前美国总统克林顿的谈判顾问罗杰·道森帮助“砍价”。一位叫金焰的律师认为，邹涛想通过热炒博客推销“大师门票”是真，呼吁广大市民要坚决抵制邹涛的“忽悠”。

第二场闹剧过后，邹涛又沉寂了一段时间，到了2010年5月8日，邹涛再次在网络上发文，《公开向2006年全国响应我呼吁的人民悲伤道歉》，文中说道：

> 公开向2006年5月响应我发起的“3年不买房行动”的全体同胞道歉，深深鞠躬。这也是我作为一个公民的深刻反思。今天的中国房价，已经连诺贝尔经济学奖获得者也看不懂了。

博文中，邹涛很委婉地承认了自己的失败，再三强调自己作为一个普通公民的良知和对高房价的痛心，盼望居者有其屋，盼望合理的房产政策出台。然而，这已经没有意义了。因为到2010年5月，深圳商品住宅成交均价为19650元/平方米，跟他2006年呼吁的不买房时，每平方米多出近11000元。更普遍的事实是，因为关外边远地方的房产开发，房价还没怎么起来，当初潜力地段增值良好的房子，在四年间翻两三倍的不是个数。有个网友说当年每平方米8000元左右的房子，到了这个时候是每平方米25000元，他买房的计划从100平方米缩水到60平方米。

就在当初大力支持不买房的网友们为节节高升的房价备受煎熬时，邹涛的好消息不断，他的身份变成了“投资理财实战专家”、中国万人团购第一人、知名社会活动家、知名投资理财实战专家等。

对于邹涛，不管他有多大名气，有多少漂亮光环，他真真切切地害了很多本可以在相对合理价位买房的人，至于其他，相信每个人心里都有一杆秤。近年，邹涛在自己的博客里，大讲基金投资和楼市实战以及炒股的方法，估计大多数人的想法差不多，连楼市大趋势都看错的人，还能相信他能理好财吗？不说别的，看他博客最新文章的点击率就知道了。

02 许霆——许霆案

2006年

许霆，男，1983年2月7日生，山西翼城县人，高中学历。2006年在广州，利用ATM机故障漏洞取走17.5万元.归案后一审被判处无期徒刑，引起了社会的广泛关注和激烈辩论，成为近年来司法界最著名案例。2007年11月20日一审，许霆被广州中院判处无期徒刑，因争议过大，广州中院重审，2008年3月31日，最终判决许霆犯盗窃罪，判处有期徒刑五年，并处罚金2万元，追缴许霆的犯罪所得173826元，发还受害单位。2010年7月30日许霆因表现良好假释出狱。

2006年4月21日，是在广州做保安的山西襄汾县小伙子许霆的惊喜日，这一天，他去广州市天河区黄埔大道西平路的广州商业银行的ATM提款机取钱，卡里面还有170多元，他取100元，但是机器吐出了1000元，更诡异的是，他的卡里只扣了1元，这让他血液倒流，用最快的速度取了54000元。

发财不能忘了好兄弟，取到这么多钱后，许霆回到宿舍看到郭安山，跟他说了这事，郭立刻跟他一起再次去取钱。如此，像是有上帝之手在点石成金一样，许霆前后共取款171笔，共记175000元，郭安山取款18000元。得手后，两人知道这事不保险，迟早要被银行追拿，于是分头逃离。

2006年11月7日，经受不住压力的郭安山主动投案自首，并且退还当初恶意取得的18000元。2007年5月底，天河区法院经审理后认为，被告人郭安山的行为已经构成盗窃罪，考虑到他是主动自首，并且主动退回赃款，判决郭安山犯盗窃罪，处有期徒刑1年，并处罚金1000元。

四处躲藏的许霆，本以为利用手上的这笔钱可以投资赚大钱，没想到投资失败，加上没有正当收入，一年后，又变得两手空空。2007年5月在陕西宝鸡火车站被警方擒获。2007年11月20日，广东省广州市中级人民法院判决许霆犯盗窃罪，判处无期徒刑，剥夺政治权利终身，并处没收个人全部财产，追缴被告人许霆的违法所得175000元发还广州市商业银行。

此判决一出，舆论哗然，当时一家网站做了一项调查，这样的判决应不应该？从2007年12月17日至2008年1月24日，共收到有效投票154744票，认为不应该的145251票，占93%；认为应该的9492票，仅占6%；其他1%认为说不清楚。

有网友说——

应该判银行诈骗罪，明显是100多元，竟然能取1000多元，这难道还不是银行欺骗顾客吗？

另外有网友说——

ATM故障，喷出钱来把个人压死了，该怎么判？反过来，我取1元ATM扣我1000元，是不是银行也判无期？我一个同学还从ATM里取出过假钱，这又算谁的？

更有网友搬出了银行的规定——

银行有约在先“钱款当面点清，出门概不负责”，可视为银行与储户的合同条款，双方都得遵守。既然银行少给了钱要储户自己负责，储户不能向银行追讨，储

> 户自己接受教训，那么银行多给了钱自然要银行自己负责，银行不能向储户追讨，银行自己接受教训就是了。

不管如何，不仅普通民众，就连法律界专家也出面讨论这个案例，公说公有理，婆说婆有理。但总的来说，认为判得过重的占多数。迫于压力，2008年1月初，此案件被发回广州中院重审；2008年3月31日，广州中级法院宣布重审判决，法院仍然认定许霆构成盗窃罪，判处其五年有期徒刑，罚金2万元，并追缴犯罪所得17.3826万元。

许霆的这个判决，总算让大多数网友松了一口气。大部分人认为这是一次民意大胜利，专家却有更深层次更理性的解读，比如2008年6月1日《法制日报》的《"许霆案"尘埃落定后的法理思考》一文中说：

> 关于许霆的行为是否构成犯罪，主要存在有罪说和无罪说两种观点。无罪的观点中有不当得利说、无效交易说、银行过错说、没有实施合法行为的可能性说、行为难以模仿说、刑法谦抑说、刑罚目的说、罪刑法定说等种种主张。在认为许霆的行为构成犯罪的基础上，又有着构成侵占罪、诈骗罪、信用卡诈骗罪、盗窃罪等不同的观点。笔者认为，上述无罪说的诸种观点以及构成

侵占罪、诈骗罪、信用卡诈骗罪的见解均值得商榷，限于篇幅，在此不一一评析。在笔者看来，在我国当前刑事法学的语境下，许霆的行为构成犯罪并且应当是盗窃罪，主要理由如下：从实质上看，其行为具有严重的社会危害性，达到了犯罪的程度；从法律上衡量，许霆恶意取款的行为完全具备了刑法规定的盗窃罪的全部构成要件。其次，从客观方面来看，许霆实施了秘密窃取银行钱款的行为，且数额特别巨大。

03 杨丽娟——疯狂追星女

2007年

杨丽娟，女，1978年生，甘肃省兰州市人，父亲是一位高级教师，母亲是家庭主妇。杨丽娟因少女时期一次偶然梦到刘德华，便开始了自己疯狂的追星之旅，先是父亲卖房让她到港看刘德华，后全家求助各类媒体想见刘德华，再到父亲打算卖肾给她攒路费去见刘德华，最后竟然因为女儿心愿未了，父亲跳海自杀。

2007年3月底，一连几天，各大网站都被类似“全家赴港追星家破人亡”的新闻占据重要位置，大意是说一个叫杨丽娟的女子，因为16岁偶然梦到刘德华，总想见他，疼爱她的老父为了满足她的愿望，不仅将房子卖掉陪她追星，还去过医院打算卖肾陪她追星，在各路媒体和公众人士的努力下，全家终于如愿参加了刘德华的生日歌友会，本想有机会向刘德华一诉衷肠的杨丽娟，根本没有单独与刘德华说话的机会，很是失望。她父亲也觉得刘德华不重视他女儿，一气之下，留下长篇遗书，跳进了尖沙咀附近的海里丧命。而“追星”一事，在正常人看来，只有幼稚无知的小孩子做的事，在杨丽娟的一家人面前表现得如此极端和可怕，因而引起了大众广泛讨论和深思，一时间，杨丽娟也成了名副其实的网络红人。

什么样的家庭，什么样的环境，会造就这样不理智的追星人呢？作为与杨丽娟同年代的人，许多人想不出她有多么疯狂，无法理解她这样的年纪怎么可以将父母拖入泥沼却毫无悔意，在大家看了多篇报道和新闻后，终于慢慢了解了何以出现这样的人物。

据《南方周末》的文章《杨丽娟家30年生活解密，一家三口彼此纠缠》所述的大意，杨丽娟1978年出生在甘肃的阿干镇，这里主要出煤，大多数人有井下工作之人的压抑和敏感，女人们任劳任怨，男人们赚钱养家。杨丽娟的母亲杜菊英出生在一个大家庭，家庭贫困，生计艰难，她的理想是找一个像父亲一样高大干净的男人，但因无法摆脱所处环境，最后嫁给了大她十四岁的杨勤冀——他在此地做老师，尽管其貌不扬，但有体面的工作和稳定的收入。杜菊英总是跟别人说：我一直看不上他，老我这么多。结婚一年后，生下了杨丽娟。

中年得女的杨勤冀对杨丽娟视若掌上明珠，有求必应，家里生活也慢慢好起来。他们一家离开了阿干镇，回到了兰州市，只是杨勤冀早晚要搭一小时的车去学校教书。就这样波澜不惊地过了十多年。杨丽娟读初二的时候，突然萌生退学之意，据日后媒体采访她辍学原因，她认为别人都在利用她，理由是同学借她的作业抄，抄完后就不搭理她，这让她很受伤害。她的母亲杜菊英也曾多次向媒体表示，他们一家人都被人利用，女儿被人利用做作业，她自己被人利用给很少的钱帮别人带孩子，她老公在学校也被利用。

杨丽娟无所事事地待在家里，主要是看电视。有一天突然做了一个梦，梦到了刘德华，梦境很美好，她正在玩沙包，刘德华跑过来，深情款款地看着她，另外一个梦境是刘德华在山顶看到她，拉着她的手跑到小河边……她相信她与刘德华有感应，甚至相信刘德华如果看到她，会做出某个决定。做这个梦的时候，她刚16岁。

当杨丽娟全身心地沉浸在有关刘德华的梦里时，父母已经离了婚，据说是假离婚，为了分到房子，不管现实如何，总之这个家庭当时很奇怪，母亲经常不在家，女儿不读书也不工作，身为高级教师的父亲在1995年提前退了休，退休主要是为了照顾女儿，退休工资是2050元，这笔钱在兰州这样生活水平较低的地方，足够安排好一家三口的日常生活了。

但是这个家因为杨丽娟的追星，变得很是艰难。母亲规劝女儿不要太过迷恋明星，她的理由是：没有刘德华她活不了。没有自己事业的杨父于是把杨丽娟的白日梦也变成了自己的梦想，只要她想要，在能力范围内一定满足，不管是演唱会的票还是有关刘德华的唱片。2004年10月，刘德华在北京开演唱会，杨父一掷千金，为女儿买到票，可是那也只能是明星和观众的关系，杨丽娟无法独自向刘德华表达自己的情感。2005年，因为煤气中毒，杨母的脚受了伤，终于安安生生地从外面回到了家。于是，杨丽娟的追星从两人行变成了三人行，这个家的所有理想便是见到刘德华。

2005年，杨父卖掉了房子，一家人搬到租房里住，让杨丽娟去香港旅游，以便见到刘德华，可惜压根就没见到刘，只辗转送出一封要给刘德华的信。2006年3月，杨父到医院，要求卖掉自己的肾，以筹到资金让女儿完成追星梦。被拒后，想到了媒体，3月底，《兰州晨报》刊出一篇《兰州女孩林娟苦追刘德华12年》的文章，立刻惊动了嗅觉灵敏的媒体人，他们制造各种机会和新闻，将杨丽娟的追星梦的泡沫越吹越大，北京一家媒体看这一家人“追星”追得那么另类，承诺找机会让杨丽娟见到刘德华本人。2006年10月，杨家一家三口进京，交涉后确认见刘德华的事打了水漂，认为自己上当受骗，极其不满，该媒体说自己也有难处，真的无法安排杨丽娟与刘德华见面，最后该媒体以栏目组的名义，给了杨家2000元路费，此事以杨家抱怨结束。而关于对自己的追星，刘德华曾隔空回应杨丽娟“不忠不孝”。

2007年3月，在各路媒体的推动和炒作下，也在杨家人再一次发疯之下，杨父借了11000元高利贷，全家三口再次到香港，除了开始两天舍得住旅店外，其他时间都是“自由落宿”，到港的第一件事就是到刘德华的公司，与公司职员周旋，请求与他见面，员工答应会帮其联络。3月25日，杨丽娟参加了刘德华的歌迷生日会，但没有机会单独表述。3月26日凌晨，一家三口落脚在一家24小时营业的快餐厅，母女俩醒来，发现不见了杨父，桌上留有长达12页的遗书，赶紧报了警，警方在附近的尖沙咀找到溺水的杨父，抢救无效身亡。自此，有关疯狂追星女导致家破人亡的新闻，遍布眼前。刘德华也因此事而受到影响，有许多粉丝发短信或留言要求见他，如果他不见，就要死给他看，刘德华背负沉重的精神压力，怕真的有第二个杨父这样的人去自杀，左右为难，最后不得不去看心理医生，在医生的开解下，才慢慢缓解这种可怕的焦虑。

2007年3月29日，千龙网的一篇叫作《病态追星的畸形家庭，刘德华的阴影引人深思》的文章说道：

从杨父自杀时留下的遗书中人们惊愕地发现，他把所有的指责矛头对准了刘德华，作为这件事情里唯一的公众人物刘德华的压力和矛盾接踵而来。但是从香港市民的舆论声中不难发现，在了解事情的来龙去脉之后，大众对刘德华并没有加以指责。这个在华语娱乐圈近20年来最有影响力的偶像刘德华，在针对此事的声明中表达了自己对悲剧的痛心和呼吁粉丝保持理智的心态。从声明不难看出，刘德华除了震惊、扼腕、痛惜之外，似乎还有作为一个明星的无奈。

看了杨丽娟一家人的经历和生活，真是觉得很变态，作为高级知识分子的父亲，对疯狂女儿竟是如此纵容，完全不像是一个正常人所为，为了女儿一个不切实际的追星梦，他倾家荡产，尽做不可理喻之事，最初的愿望是让女儿一见刘德华，见到后，又听任女儿所想。杨父在遗书中称，女儿参加歌迷聚会见到了偶像，但刘德华对女儿“和许多人一样”，没有与她单独会面及给予签名，“这不公平”。杨父遗书里说：

“你应该见杨丽娟，为她签个名，救救她，除了你，她已隔绝了这个世界，只有你，才是她心灵的呼唤。”见女儿单独与刘德华见面成为不可能，竟一死了之，实在让人不寒而栗，然而，也有更多媒体解读为做父亲的为了女儿那莫名其妙的追星梦累了倦了，不想再疯狂下去，又无法收场，只好以死了之。

而她那没读什么书的母亲，在老公死后，接受媒体采访时，还是觉得要支持女儿完成她的梦想，更可怕的是，杨丽娟此时想见刘德华的理由是“为了完成父亲的遗愿”！

好在媒体也不再推波助澜了，杨丽娟和刘德华都慢慢在公众眼前褪去热度，然而这一家人的悲剧留给我们的思考，远未结束。完全没有自己的生活，不懂社会生存技巧的杨丽娟和她身有残疾的母亲，不知道现在的日子过得怎么样？而现实社会中的人，不需要给孩子大富大贵，但起码要教会她的自尊、自强、自立吧？不需要给父母锦衣玉食、百依百顺，总要让父母晚年安详，不为子女操心吧？

04 周正龙——华南虎事件

2007年

周正龙，男，1955年生，陕西省镇坪县农民。2007年10月，周正龙拍的假虎照被陕西省林业厅公开，立刻引起全社会的强烈反响，各方人士的反复争论，林业厅的强硬姿态，引发了一轮又一轮的打假狂潮，2008年6月，陕西省政府宣布周正龙拍的虎照是假的，13位大小官员受到处分，周正龙因诈骗和私藏枪支弹药罪，被判有期徒刑，因此案例，民间自创成语叫“正龙拍虎”，周正龙也当之无愧的成了影响最大的网络红人之一。

如果问2007年的下半年，网友们印象最深的是什么事，一定是周正龙虎照事件了。2007年10月12日，陕西省林业厅宣布一个重大新闻，陕西省发现了华南虎，并公布了9天前陕西安康市镇坪县城关镇文采村农民周正龙拍的华南虎照片，以证确有其事，这是四十三年以来，对陕西省秦巴山区华南虎的首次记录。此新闻一公布，全国哗然，网友凭直觉说这虎是假的，也有人觉得虎这么逼真，是真的，第一个较有权威站出来说假虎照的人士，是中国科学院研究员、种子植物分类研究组首席研究员、博士生导师傅德志，他在接受媒体采访时说，自己以一个从事植物研究二十余年的权威科学家的身份，敢以脑袋担保照片有假！他说，拍的老虎头这么小，老虎头上的叶子按正常算也有小脸盆那么大，据他所知，那地方根本就没有这么大片的叶子。一听此言，周正龙不干了，他借着媒体的采访回应说："要是照片有假，当场把我头砍掉！"与周正龙站在同一战线并且用脑袋担保虎照为真的还有陕西省林业厅野生动物保护处。

"砍头"的打赌让周正龙的虎照影响更大了。2007年10月23日，周正龙带上拍虎的底照，和陕西省林业厅的负责人一起，到国家林业局当面汇报这事。第二天，国家林业局决定组织专家赴当地进行野生华南虎资源状况专项调查。在各家媒体的报道中称，"国家林业局对陕西省林业厅及当地林业部门为预防性保护华南虎采取的清山清套、禁猎和划定自然保护区等积极措施表示肯定"。当记者采访林业局新闻办的人，是不是鉴定虎照的真假时，发言人曹清尧回答说：

> “国家林业局只是对保护区存不存在老虎这个事情，来做一个考察论证，照片真假并不是国家林业局需要确定的范围。我们没有研究这个问题。”“照片真假需要照片方面的权威来认定。当地有没老虎，到底该不该建自然保护区这是国家林业局该管的事。政府不能越位。”

曹清尧的回答让人更是扑朔迷离，引起了巨大的网上网下争议。先头掀起打假浪潮的傅德志再次发文，说科学打不死纸老虎，需要有关方面有力的举证，并且建议对假老虎进行“国家鉴定”。陕西林业厅坐不住了，于10月29日展示了周正龙拍摄的华南虎胶片和许多虎照相片。当天，“拯救中国虎国际基金会”首次就华南虎照片事件发表声明，称照片中华南虎的反应不合常情，在《新闻晚报》2007年10月31日《陕西华南虎照事件续：专家提及虎照3个细节》一文中说道：

> “科学资料都显示，老虎尤其是野生虎的感觉非常敏锐。”“拯救中国虎国际基金会”专家指出，在陌生生物接近的时候，老虎的第一反应往往是伏下身体，将头放在两只前爪之间，将整个身体压平在地面上。

> 压平身体这一行为，一方面可以防止对方发现自己，另一方面也方便采取下一步行动，随时发动攻击或逃走。这应该可以看作虎在野外遇到其他生物时最常见的行为模式，也是对野外生活的适应性表现。”之前照片中老虎安静坐定的反应，则完全不符合这一常情。

当初极力挺虎的，也是发布虎照之人的另一个副厅长孙承乾，此时也有点扛不住了，在日后的《南方人物周刊》特约记者龙军的采访中说了这样一段话：当时最有力的挺虎派人士孙承乾的大学同学，湖南省林业厅保护处长桂小杰曾电话提醒他：“你也是学动物的，猫科和犬科动物睡觉从不超过60秒，周正龙围着一只老虎拍了几十分钟？你也相信？”

到了2007年11月7日，青年法律学者郝劲松向山西省定襄县人民法院起诉周正龙。11月11日正式向国家林业局提出行政复议。同一天，世界权威科学杂志《科学》刊出华南虎照片，但未作定论。11月15日，有网友将自家过去的年画照上传网络，称周正龙的虎照是年画伪造，大家发现两张画中的虎还真是神色相似。紧跟着，四川、广东也有网友上传自家的年画照，都与周正龙的虎照类似。老虎年画的生产商——义乌市威斯特彩印包装有限公司法人代表骆光临则表示:周正龙的虎照跟他2002年7月10日出版的虎照年画有99%的相似。11月26日，郝劲松收到国家林业局寄发的

《行政复议不予受理决定书》后，再次要求国家林业局对相关部门失职行为和周正龙的造假欺骗进行查处。

2008年1月，年画生产商骆光临也来凑热闹，向浙江义乌市人民法院递交诉状，状告周正龙与关克侵犯名誉权，要求得到相应赔偿。到了2008年2月4日，陕西省林业厅终于发出了《向社会公众的致歉信》，信中称：

> 举行此次新闻发布会，我们既未按规定程序履行报批手续，也未对华南虎照片拍摄情况进行实地调查，在缺乏实体证据的情况下，就草率发布发现华南虎的重大信息，反映出我厅存在着工作作风漂浮、工作纪律涣散等问题。

陕西省林业厅的《致歉信》一出，这事差不多就尘埃落定了，但未见正式说明，一直到2008年6月24日，才有媒体透露，周正龙因“私藏违禁物品”被警方带走。2008年6月29日，陕西省政府新闻发言人、省政府办公厅、省公安厅、省监察厅的负责人向公众通报“华南虎照片事件”调查处理情况。经查证，周正龙用老虎画拍摄假虎照，还用木质虎爪模具在雪地捺印假虎爪行骗。目前，已被公安机关以涉嫌诈骗罪报请检察机关批准逮捕。本案涉及的十三名人员分别受到不同程度的处分，其中陕西省林业厅副厅长孙承骞、朱巨龙被免职，野生动植物保护处处长王万云、信息宣传中心主任关克被撤职。

2008年11月17日，陕西省安康市中院二审宣布终审判决：被告人周正龙犯诈骗罪，判处有期徒刑两年，并处罚金2000元；犯非法持有弹药罪，判处有期徒刑一年零六个月。总和刑期三年零六个月，决定执行有期徒刑两年零六个月，宣告缓刑，缓刑考验期三年，并处罚金2000元。

05 牛刀——房产评论人

2009年

牛刀，男，真名陈乾，中国独立评论人，其博客被评为“2009年全国最具社会责任的十大博客”，与曹建海、时寒冰并称中国“地产三剑客”。2010年牛刀被《环球时报》评为“中国十大直言君子”之一，“深圳特区30周年最具争议的十大人物”之一。

深圳楼市现在谁也看不懂，像处于混沌期，人们都在迷惘中，只顾跟着感觉走，走到哪儿是哪儿。这是非常危险的。我的一个朋友，夫妻二人将所有积蓄拿出来，给一栋总价近300万元的联排别墅交了首付，并做了20年的按揭，月供17000元，而夫妻二人月收入只有21000元，你能保证这20年在收入上不出现任何问题吗？这种买房方式简直可怕！

回到主题，深圳楼价何时会跌呢？不同于北京，也不同于上海，深圳楼市已经开始跌了，只不过很多人感觉不到而已，一旦“百万负豪”超过买家的30%，一旦买房不到三年就被迫断供的超过30%，深圳楼价的跌幅将同样超过30%。这种情况将在2007年年初出现。但愿不要被我不幸言中。（摘自牛刀博客《深圳楼价何时会跌？》）

早在2006年，评论人牛刀就用看似有力的数据、合乎常理的民情以及良好的个人愿望来表明，中国的房地产价格实在太高了。与邹涛不一样的是，邹涛纯粹从一个老百姓的角度来发起“不买房联盟”，牛刀则是用各种论据来论证说明房价过高，迟早要崩溃。在多年以后的今天来看，2006年的房价，只不过是中国房价的一个新起点而已。

情感上来说，许多网友还是颇赞赏牛刀的精神的，他说的很多数据都是实情，许多中低层人举全家三代之力，才能付一套房子的首付，而之后的二三十年要全家省吃俭用才能将房贷还完，这中间还不能有任何的差池。比如我老家有两个朋友，其中一个，他父母都有微薄的养老金，他和老婆的实际收入每月加起来不到3000元，还有儿子要上学。2007年，他咬紧牙关在邻市花约4300元/平方米平买了套106平方米的房子，首付13万元多，装修和办理房产的税费花了近10万元，欠银行近29万元，每月还2000多元，还20年。首付、装修和办房产的税费，不仅将他们全家三代的存款花尽，还借了5万元。怎么看，这个人都不符合牛刀所说的买房族标准。

另外一个朋友，喜欢看财经书和理财杂志，也是在2007年，彼时他们夫妻的状况比前一位朋友好多了，他们收入稳定，一个月在6000元左右，为了所谓的轻松和等到低价房，他们放弃了和前一个朋友去买房的计划，他们真的过得很轻松，没有任何压力和负担，还能经常出省去玩。

仅仅三年后——2010年，前一个朋友的房子涨到9700元/平方米，还掉银行的钱，他们净赚40多万元；另一个朋友等来了翻倍的房价，手上依然一无所有。说起这事，他的心都痛，40多万元，是内地工薪阶层可能一辈子都赚不到的，牛刀的分析有道理，但没有操作意义。

这还只是一个最普通的例子，另一个极端的例子，是我在深圳的女同学，当年“非典”时期零首付出台，她胆大心细，一口气买了三套毛坯房，连简装都没有，直接粉刷一下，空房租给人家，房租抵月供，自己补贴极少。到2011年11月，她的房子卖了两套，赚到手的不下300万元，当初同时来深圳打拼的，都两手空空，因为几套房的区别，从此身价天地之别。当有的同学家里家外搜到首付还在犹豫要不要供房的时候，她已经在享受投资商铺的稳定回报了。

早在2006年就有所谓的经济学家说房产崩溃论，一直到今天，房价依然没有停止上涨的脚步。

自从牛刀开始在网上以耸人听闻的方式、高唱房价崩溃论时，就有一大批犹豫买不买房和买不起房的人跟着他，想从他这里获得不买房的心理依靠。2008年中国在世界金融危机的背景下，房价短暂回调；2010年中国房地产在政策的调控下，再一次短暂低头，又吸引到一批不坚定的买房者，牛刀的名声如日中天。

与名声越来越大的牛刀相比，中国的房地产价格也像一头疯牛，一直昂首向上，与之相对应的就是越来越买不起房的普通草根和错失良机的买房族，他们手上的钱越来越不值钱，有的将买房的钱投入股市，更是一场无与伦比的人间惨剧，2011年10月16日，新华网刊登牛刀答新华社《环球》杂志记者问，牛刀表示，2012年房价将比2010年下降一半，这一情况将有60%的概率发生。2011年11月13日牛刀在博客《牛刀：中国房价泡沫何时破灭》一文里写道：

很多网友咨询的是，为什么书中推测泡沫破灭的具体时间节点是2012年6月5日？其实，在本书中已经做过分析和判断，并印证现在所发生的一切。

现实的情况是，即使到了2014年下半年，中国的房产泡沫不仅没破，反而各大媒体都在唱高房地产，除了那些买不起房的人还在看牛刀的博客聊以自慰、盼望房价崩溃外，大部分人都懒得搭理他了，我看到有个网友在他的博客里回道：

听牛刀住牛棚，他自己为了卖自己的书，为了赚钱，前些年这种文章坑了多少买房人。自己倒是因为这些文章赚了不少，房子自己也有几套。这些文章就是为了满足“空军”的心理，赚点击率的，谁再信他说的，一辈子也别买房了。

06 延参法师——史上最萌法师

网络的精彩和神奇之处在于，一个原本偏安一隅甚至从未引起人关注的普通人，因为一句话一个动作，而红遍整个网络，这里面最顶级的例子，不仅有现已远赴美国的“凤姐”，也有萌死众人的“怕打针宝宝”，还有新浪微博粉丝达到近2700万的延参法师——一个与一只调皮捣乱的猴子共同出镜，说了“绳命是如此的井猜”而爆红网络的僧人。

2012年6月的某一天，一段《延参法师峨眉讲解绳命》的视频在网上疯传，视频中，一位看起来有点老实可爱的和尚，在用令人发笑的方言讲解“绳命”，他说：

> 我们祝福，这唆油的唆油，绳命是那么的没力，绳命是那么的灰黄……

边说边轻松地对付几只在他头上身上爬上爬下不时骚扰调戏他的猴子。看到视频的那一刻，没有人不捧腹大笑，延参法师的憨笑、自在、无我及与自然和动物融为一体的感受，让人产生一种奇怪的认同和信任感。之后，延参法师的视频再度上网，这一次与他一同出镜的是一只大狗，延参法师依旧是“赞美绳命”依然是那么得和谐欢乐。这一则视频的推出，起到了锦上添花的作用，延参法师被更多人追捧。颇懂得营销的他，也在此前后，开了新浪微博，短短的时间，粉丝数超过150多万，这可是许多网下知名人士望而兴叹的数字。

翻看延参法师新浪2万多条微博，你会发现，除了心灵鸡汤，就是小感小悟，而它们的宗旨和中心思想，一直没有离开过延参法师与猴与狗同视频时，讲的有关“绳命的井猜”的主题。

庞大的粉丝群背后，托起的是一颗佛界的网络红星，延参法师也被称为“史上最萌法师”，之后，他像个明星一样，频频参加各种综艺节目，比如东方卫视《今晚，80后脱口秀》、湖南卫视的《天天向上》、江苏卫视的《最炫民族风》等，与之相呼应的是他的官方身份，公开资料如此说明：

> 延参法师，字明超，号糊涂山人。当代著名书画僧，政协委员，河北省佛教协会副会长，河北省沧州市佛教协会会长。

事到如今，其实法师也可以歇一歇了，因为同口味的东西，吃了好几年，也差不多了，再者，作为资深老网虫，大都心里明白，延参法师是有人包装的，尽管他一直宣扬的是“正能量”，是“佛法”。在这个推陈出新、今天明星明天路人的网络时代，适当留点白，让亿万网友自动脑补一下，会更有趣，也更符合“佛法”要义。

07 蒋方舟——神童也励志

郭敬明的《小时代3》上映首日，票房一举突破1个亿，而中国影响力巨大的老牌导演张艺谋《归来》的首日票房只有3000万元，以至于有人在微博上痛心疾首地大喊：“《小时代》的票房统计出了中国的脑残数量。”于是，关于“垮掉一代”的话题在网络上此起彼伏。显然，在许多上一代人的眼中，下一代的孩子总是“垮掉”的那一代，他们不思进取、娇生惯养、寻求刺激、纵欲沉沦……做诸多挑战传统价值的事情。但是网络上有一个年轻的人除外，十多岁就出名，伴着争议和羡慕长大，人们总是把她跟成功、荣耀联系在一起，她就是蒋方舟。

熟悉网络的人肯定清楚，蒋方舟是伴着网络成长成名及成为新浪知名博主的，她现在粉丝多达800万。这个1989年出生的湖北女孩，故事一箩筐，她7岁开始写作，10岁正式出版作品，12岁写专栏，被称为“天才少年”“神童作家”，之后几乎平均每年都有一部作品问世。在蒋方舟身上，完美地体现了张爱玲的“出名要趁早”这句名言的价值，一个十多岁的孩子，要说写出多天才的东西出来，自然也不可能，可是恰恰是她那童真而探索的文字，记录了一些大人原本只能想象或猜测的东西，让大家了解，原来现在的孩子关心的是这样的一个世界，他们的快乐和忧愁是如此这般，作为一个同年代的代言人，她说出别人没说出的东西，正好又逢网络春风吹送，从蒋方舟的母亲骗她

“每个中国小学生在小学毕业之前都必须写一本书，否则就会被警察叔叔抓走……”的话题，到破格被清华大学录取，再到大学一毕业就成为《新周刊》杂志副主编，她是伴着争议和热议长大的，自然，她也就保持多年的曝光率了。

相对于同龄人，蒋方舟因为大批量地阅读，谈吐显得更沉稳和坚定，她的文字，也显出虽非深刻但彰显思考的一面来，比如

在接受《现代快报》的采访时，她说道：

> “找到与世界之间不妥协的方式并不难，我们认可世界的标准和价值是一回事，去理解和了解这个世界的标准和可能的风险又是另一回事。”

这说明她不仅仅像同龄人一样困惑迷茫，还会主动寻找更多方法和突破，就凭这一点，获得了很多老人或孩子的赞赏。

社会是在不断螺旋式进步的，不管老一辈人说年轻人是垮掉的一代也好，年轻人说老一代是固执老古董也好；不管只有一个蒋方舟被大家知道，还是一千个、十万个蒋方舟问世也好；归根结底，世界始终是年轻人的，因为只有年轻人才敢闯、敢想，也敢干。

《中国网络通史》编纂委员会

本书编写人员

欧阳静茹

熊　欢